FORSCHUNGSBERICHTE DES LANDES NORDRHEIN-WESTFALEN

Nr. 1692

Herausgegeben
im Auftrage des Ministerpräsidenten Dr. Franz Meyers
vom Landesamt für Forschung, Düsseldorf

Obering. Gerhard Piltz

Institut für Ziegelforschung Essen e. V.

Versuche zur Erhöhung der Feuerstandfestigkeit sowie zur Bestimmung der zulässigen Gewichtsbelastung der Ziegel beim Brand

Springer Fachmedien Wiesbaden GmbH

ISBN 978-3-663-06610-1   ISBN 978-3-663-07523-3 (eBook)
DOI 10.1007/978-3-663-07523-3

Verlags-Nr. 011692

© 1966 by Springer Fachmedien Wiesbaden

Ursprünglich erschienen bei Westdeutscher Verlag, Köln und Opladen 1966

Inhalt

1. Anlaß und Zweck der Arbeit 7

2. Vorausgegangene Arbeiten 9

3. Versuche zur Erhöhung der Feuerstandfestigkeit 12
   3.1 Grundsätzliches zur Erfassung des Brennverhaltens von Ziegelrohstoffen 12
   3.2 Versuchsanordnung zur Erfassung des Dehnungs-Schwindungsverhaltens der Proben mit und ohne Druckbelastung 14
   3.3 Durchführung und Ergebnis der Versuche zur Verbreiterung des Sinterintervalls mit verschiedenen Zusatzstoffen 15
   3.3.1 Orientierender Vortest mit Zusatz von feuerfestem Ton 15
   3.3.2 Auswahl der für eine Verbreiterung des Sinterintervalls zu erprobenden Zusatzstoffe 17
   3.3.3 Prüfung der Versuchsmischungen unter Last mit Erfassung der Druckerweichungspunkte 18
   3.3.4 Prüfung von Versuchsmischungen mit verringerten Anteilen Phosphorschlacke und großtechnisch gefälltem Calciumcarbonat unter Last bis zu einer Schwindungszunahme von 0,03%/°C 21
   3.4 Auswertung der Versuche zur Verbreiterung des Sinterintervalls.. 23

4. Der Einfluß reduzierender Atmosphäre auf die Feuerstandfestigkeit von Ziegelrohstoffen 26

5. Versuche zur Bestimmung der zulässigen Gewichtsbelastung der Ziegel beim Brand 30
   5.1 Grundsätzliches 30
   5.2 Vorausermittlung der Betriebsbrennkurve 31
   5.3 Versuchsanordnung zur Bestimmung der zulässigen Gewichtsbelastung 33
   5.4 Versuchsdurchführung 35
   5.5 Berechnung der zulässigen Setzhöhe 39

6. Zusammenfassung 44

7. Literaturverzeichnis 47

1. Anlaß und Zweck der Arbeit

Es ist bekannt, daß sich die Festigkeit des Ziegels vornehmlich aus thermochemischen Reaktionen der Rohstoffkomponenten beim Brand ergibt. Da die hierbei entstehenden Teilschmelzen mit steigender Brenntemperatur an Umfang zunehmen, führt die Aufheizung zu einem Sintergrad, bei dessen Überschreitung der Ziegel die Formbeständigkeit verliert und damit für seinen Verwendungszweck unbrauchbar wird.

Es ist weiter bekannt, daß der Ziegel an Kaltdruckfestigkeit und meist auch an Frostbeständigkeit um so mehr gewinnt, je näher man ihn beim Brennen an den Zustand der beginnenden Deformation heranführt. Auch bestimmte ausblühende Salze, z. B. Magnesiumsulfat, werden durch erhöhte Temperatur bzw. verstärkten Sintergrad des Materials zersetzt und damit unschädlich.

Man ist daher allgemein bestrebt, den Ziegel bis zum höchstmöglichen Sintergrad zu brennen. Dies bereitet jedoch in der Regel aus folgenden Gründen Schwierigkeiten:

1. Das Sinterintervall der meisten Ziegelrohstoffe ist nicht sonderlich breit, so daß schon eine relativ geringe Überschreitung der zulässigen Spitzentemperatur zur Deformation führen kann.
2. Durch die Stapelsetzweise in Ziegelbrennöfen sind die Ziegel der unteren Lagen einer nicht geringen Gewichtsbelastung ausgesetzt. Diese Belastung fördert naturgemäß die Deformationsneigung im Spitzentemperaturbereich.
3. Selbst in modernen Tunnelöfen ist die Möglichkeit zu einer Feinsteuerung des Aufheizprozesses und der Garbrandtemperatur über den Brennkanalquerschnitt begrenzt.

Zur Verbreiterung des Sinterintervalls der Ziegelrohstoffe hat sich der Zusatz von feuerfestem Ton bewährt. Der gewünschte Effekt ist jedoch an relativ hohe Zusatzprozente und an eine für Ziegeleierzeugnisse wirtschaftlich nur ausnahmsweise vertretbare Erhöhung der Gestehungskosten gebunden. Der in der Regel billigere Quarzsand vermag die Standfestigkeit der Ziegel im Feuer zwar ebenfalls zu erhöhen, doch äußert sich dies mehr in einer Heraufsetzung der zulässigen Spitzentemperatur als in einer Verbreiterung des Sinterintervalls; außerdem erhöht Quarz bekanntlich die Kühlempfindlichkeit und damit die erforderliche Brennzeit [11].

Hier war die Frage von Interesse, ob man nicht durch relativ geringe Zusätze bestimmter Mineralien oder Industrieprodukte den Sinterbereich der Ziegelrohstoffe erweitern kann. Dieser Frage ist im ersten Teil der vorliegenden Arbeit nachgegangen worden.

Unabhängig von der Breite des Sinterintervalls interessierte aber auch, welche Gewichtsbelastung man einem Ziegel beliebiger Rohstoffzusammensetzung beim Brennen überhaupt aussetzen kann, um den vom Erzeugnis geforderten Sintergrad ohne Deformationsmerkmale sicherzustellen. Weiß man dies, so besitzt man die wichtigste Berechnungsunterlage für die für ein bestimmtes Erzeugnis zulässige Höhe der Brennstapel und erhält den ausschlaggebenden Wert für die Festlegung des zweckmäßigen Brennkanalquerschnittes insbesondere von Tunnelöfen. Da ein Verfahren zur Bestimmung der zulässigen Gewichtsbelastung der Ziegel beim Brand noch nicht existiert, erschien die Entwicklung eines solchen notwendig. Hiermit befaßt sich der zweite Teil der vorliegenden Arbeit.

Zweck dieser Forschungsarbeit ist es damit, einige wichtige Voraussetzungen zur Sicherung erhöhter Güteeigenschaften des Ziegels zu klären.

2. Vorausgegangene Arbeiten

In bezug auf die Erhöhung der Standfestigkeit der Ziegel im Feuer erschien eine im Jahre 1955 von DIETZEL und KNAUER in den Berichten der DKG veröffentlichte Arbeit von Interesse, nach der Probekörper aus Ziegelton und anderen Rohstoffen, die einem Vorbrand von über 900°C ausgesetzt waren, eine Erweichung bei nennenswert höherer Temperatur erfuhren als Körper ohne einen solchen Vorbrand [1]. Für die Herstellung von Ziegeln ist ein Vorbrennen wegen eines solchen Effektes natürlich wirtschaftlich nicht vertretbar. Zur Überprüfung, ob bereits das Mahlgut gebrannter Ziegelscherben als Zusatz zum Rohmaterial zum wenigsten einen Teileffekt bewirkt, wurden in unserem Institut seinerzeit einige Versuche durchgeführt. Hierbei fand zur Bestimmung der Feuerbeständigkeit das Durchbiegeverfahren nach LIPINSKI Anwendung [2]. Die Resultate waren jedoch selbst bei dem relativ hohen Zusatz von 20% Vorbrenngut unbefriedigend, zumal auch eine Erhöhung der Wasseraufnahmefähigkeit des Brenngutes eintrat, die allerdings nicht in jedem Fall nachteilig sein muß.

Das Institut verfolgte daher einen schon früher eingeschlagenen Weg weiter und fand im Zusatz von feingemahlenem Kalk ($CaCO_3$) ein Mittel zur Verbreiterung des Sinterintervalls von Ziegellehmen, worüber im Jahresschlußheft 1954 der »Ziegelindustrie« [3] kurz berichtet worden war. Auch STEGMÜLLER hat sich dieser Frage wenig später ausführlich gewidmet und den durch $CaCO_3$-Zusatz ausgelösten Erscheinungen eine theoretische Deutung gegeben [4]. Schließlich führte SCHOLL Versuche zur Hebung der Feuerstandfestigkeit eines Dachziegelrohstoffes durch und kam, nachdem auch hier u. a. die Erprobung vorgebrannten Gutes unbefriedigend verlaufen war, zu dem Ergebnis, daß mit entsprechend abgestimmtem Zusatz von feingemahlenem Kalk bzw. Kalkmergel eine Erweiterung des Garbrandbereiches möglich ist [5].

Im Jahre 1958 berichteten WILSON und KOENIG im Journal of the American Ceramic Society über erfolgreiche Versuche mit Nephelin-Syenit, einem den Feldspäten ähnlichen Mineralgemisch, das bereits in geringen Zusätzen das Sinterintervall relativ niedrig zu brennender Steinzeugmassen vergrößert [6]. Kurz darauf veröffentlichte The British Clayworker eine umfassende Arbeit, die sich mit der gleichen sowie der scherbenverfestigenden Wirkung von Nephelin-Syenit, Talk, Pumicit, Eyrit, Ulexit, Phosphaten, Dolomit, Kalkstein u. a. befaßt und auf Versuchen basiert, die EVERHART an der Ohio State University ausgeführt hat [7]. Hiernach sollen einigen baukeramischen Massen zugesetzte Teile von Nephelin-Syenit, Eyrit, Ulexit, Dolomit und Kalkstein die Eigenschaften des Grundmaterials über einen weiten Temperaturbereich stabilisiert bzw. den Garbrandbereich vergrößert haben.

Bei Laboruntersuchungen ist es im allgemeinen üblich, die Brennvorgänge an Hand von Probekörpern, die bis zu verschiedenen Temperaturspitzen aufgeheizt werden, oder aber an Hand von mittels Dilatometer erstellten Dehnungs-Schwindungskurven zu verfolgen und zu beurteilen. Die Proben sind hierbei keiner Last bzw. – beim Dilatometer – nur einem minimalen Anpreßdruck ausgesetzt. FREEMANN vertrat demgegenüber in einer Abhandlung die Auffassung, man könne die Charakteristik der Brennschwindung bei Ziegeltonen im Hinblick auf die Verhältnisse in der Praxis nur mit einer entsprechenden Auflast prüfen. Er beschrieb so gehandhabte Untersuchungen an einigen englischen Ziegelrohstoffen und verwendete hierzu eine im wesentlichen von BUTTERWORTH entwickelte Belastungsapparatur [8].

Die Prüfung des Druckerweichungsverhaltens keramischer Körper ist bekanntlich seit langem in der Feuerfestindustrie üblich und in der DIN 1064 verankert. Als Apparaturen dienten ursprünglich die von Steger entwickelte Hebelpresse oder die vom Chemischen Laboratorium für Tonindustrie konstruierten Druckerweichungsvorrichtungen, für Substitutionsprüfungen auch das von ENDELL und STEGER beschriebene und später von anderen veränderte Torsionsgerät [1]. Es sind inzwischen aber mehrere Neuentwicklungen bekannt geworden, deren letzte die im Institut für Gesteinshüttenkunde an der Technischen Hochschule Aachen entwickelten sein dürften [9, 10]. Seither stellen diese Apparaturen im Prinzip selbsttätig anzeigende oder registrierende Großdilatometer dar, in denen der Prüfkörper in vertikaler Richtung einer konstanten Gewichtsbelastung ausgesetzt ist, während man neuerdings auch die berührungsfreie Erfassung der Längenänderungen nach dem Komperator-Verfahren anwendet [10].

Die meisten Apparaturen zur Ermittlung der Druckfeuerbeständigkeit feuerfester Baustoffe arbeiten allerdings mit reduzierender Atmosphäre. Da Ziegelrohstoffe bis auf wenige Ausnahmen einen erhöhten Gehalt an Fe_2O_3 besitzen, das bei Sauerstoffmangel zu Fe_3O_4 bzw. FeO reduziert wird und damit Flußmittelwirkung erhält [11], dürften jene Apparaturen in der Regel also hierfür nicht geeignet sein. Im übrigen sind sie in jedem Fall auf die Prüfung bereits gebrannter Körper abgestimmt, wohingegen bei Ziegelrohstoffen nur ungebrannte zum Einsatz kommen. Schließlich werden in sämtlichen der DIN 1064 entsprechenden Apparaturen relativ kleine Prüflinge, und zwar zylindrische mit 50 mm ⌀ und 50 mm Höhe untersucht. Will man aber Berechnungsunterlagen für die zulässige Setzhöhe im Tunnelofen gewinnen, so kann bei der Prüfung der Druckbelastungsfähigkeit auf eine Berücksichtigung des Einflusses der Größe und vor allem auch der Form des Produktes nicht verzichtet werden. Also müßte die Prüfung zweckmäßig an Ziegeleierzeugnissen in Originalgröße erfolgen. Soweit dem Institut bekannt, sind derartige Prüfeinrichtungen seither jedoch noch nicht gebaut worden.

Anknüpfend an die insbesondere von EVERHART gewonnenen Erkenntnisse über die Verbreiterung des Sinterintervalls durch relativ geringe Zusätze bestimmter in Nordamerika zur Verfügung stehender Stoffe zum Rohmaterial erschien es lohnend, auch einige im mitteleuropäischen Raum erhältliche entsprechende Stoffe auf ihre diesbezügliche Eignung zu überprüfen. Die Auffassung FREE-

MANNS, nur unter Last könne man praxisnah das Brennverhalten der verschiedenen Massen an Laborkörpern prüfen, wurde übernommen. Für die Zusammenstellung der erforderlichen Laborprüfeinrichtung bot es sich an, Konstruktionsmerkmale bereits entwickelter Apparaturen insoweit zu übernehmen, als dies dem vorliegenden Zwecke dienlich war. Zur Prüfung der Druckbelastungsfähigkeit von Ziegeln in Originalgröße schließlich blieb es dem Institut überlassen, eine entsprechende Einrichtung selbst zu entwickeln.

3. Versuche zur Erhöhung der Feuerstandfestigkeit

3.1 Grundsätzliches zur Erfassung des Brennverhaltens von Ziegelrohstoffen

Beim Aufheizen dehnen sich Ziegelrohstoffproben im allgemeinen zunächst aus und beginnen in der Regel zwischen 700–850°C zu schwinden. Der Schwindvorgang kann beim Vorhandensein nennenswerter Carbonatanteile zunächst durch die Abspaltung von CO_2 bedingt sein, im wesentlichen aber ist er durch Teilschmelzen ausgelöst, die mit steigender Temperatur zunehmend an Umfang gewinnen und dadurch den Schwindungsablauf progressiv beschleunigen. Der bekanntlich als Sintern bezeichnete Vorgang der Masseverdichtung erstreckt sich je nach Mineral- und Korngrößenzusammensetzung des Materials über einen mehr oder weniger großen Temperaturbereich [12]. Bei der überwiegenden Mehrzahl der Ziegelrohstoffe führt die weitere Zunahme der Thermoreaktionen aber nicht unmittelbar zur flachen Schmelze, vielmehr geht die Schwindung durch den Druck freiwerdender Gase in eine Wiederausdehnung über, die als Blähung zu bezeichnen ist und das Körpervolumen mitunter weit über das bis dahin erreichte Maß ausdehnt. Erst dann setzt unter heftiger Volumenkontraktion die haltlose Erweichung ein, die schließlich zur flachen Schmelze führt.

Üblicherweise ermittelt man das Dehnungs-Schwindungsverhalten einer Ziegelrohstoffprobe mit Hilfe eines Dilatometers, bei Aufheizung bis zur Schmelze mit dem Erhitzungsmikroskop. Die Abb. 1 zeigt als Beispiel eine mit dem Leitz-Erhitzungsmikroskop aufgenommene Kurve der linearen Veränderungen.

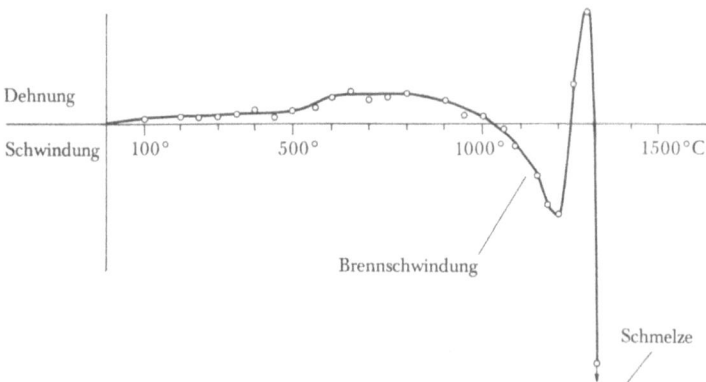

Abb. 1 Dehnungs-Schwindungskurve eines Ziegelrohstoffes bei Aufheizung bis zur Schmelze, ermittelt aus Aufnahmen mit dem Leitz-Erhitzungsmikroskop

In Anbetracht der starken Parallelität zwischen linearem Dehnungs-Schwindungsverlauf und den in der Probe erfolgenden Reaktionen erscheint es zulässig, den Sinterverlauf von Ziegelrohstoffen an Hand von Dehnungs-Schwindungskurven zu verfolgen und zu beurteilen.

Es lag nahe, für die Prüfung entsprechender Proben unter Last hieran anzuknüpfen. Man entschloß sich zur Verwendung einer Apparatur, die die gleichzeitige Messung an einer praktisch unbelasteten und einer belasteten Materialprobe gestattet, um eine weitestgehende Einheitlichkeit der Aufheizeinflüsse zu gewährleisten. Die Auflast, der die untere Schicht der Setzstapel in Brennöfen der Ziegelindustrie ausgesetzt ist, variiert in der Regel zwischen 0,3 und 0,5 kg/cm². Sie liegt aber gelegentlich auch höher und kann sich im äußersten Fall ca. 1 kg/cm² nähern. Mit Hinsicht darauf wurde für die Messungen im Labor eine Druckbelastung von 1 kg/cm² gewählt.

Es liegt in der Natur der Sache, daß das Dehnungs-Schwindungsverhalten der Ziegelrohstoffe in Abhängigkeit ihrer verschiedenen Zusammensetzung unterschiedlich ist. Dennoch bestehen bei vielen Materialien auch grundsätzliche Parallelitäten. Daher wurde für die vorzunehmenden Versuche als Hauptmaterial ein solches gewählt, das in seinem Dehnungs-Schwindungsverhalten für viele Ziegelrohstoffe als hinreichend repräsentativ angesehen werden kann. Es handelt sich um einen Schieferton mit nicht sonderlich breitem Sinterintervall, wie er in nordrhein-westfälischen Ziegeleien häufig zur Verarbeitung kommt.

Die Abb. 2 zeigt das Meßergebnis der nachfolgend beschriebenen Laborapparatur an Proben dieses hinfort als »Material W« bezeichneten Schiefertones. Wie man sieht, ist die Wirkung der Gewichtsbelastung beim Brand ab ca. 900°C hier erheblich; es wird nicht nur der Schwindvorgang beschleunigt, sondern auch die blähende Wiederausdehnung unterdrückt. Gleichzeitig gibt das Diagramm ein anschauliches Bild von der Wirkung der für die Versuche gewählten Prüfmethode.

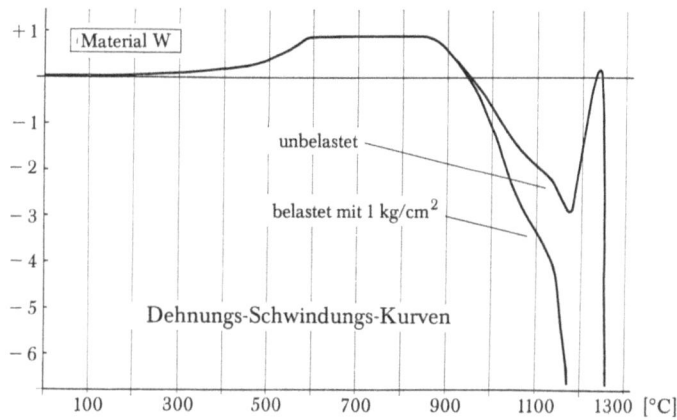

Abb. 2 Dehnungs-Schwindungskurven des Schiefertones »W« mit und ohne Belastung des Prüfkörpers mit 1 kg/cm²

3.2 Versuchsanordnung zur Erfassung des Dehnungs-Schwindungsverhaltens der Proben mit und ohne Druckbelastung

Die Versuchsapparatur wurde im Institut nach dem in Abb. 3 wiedergegebenen Schema zusammengestellt. Darin bezeichnet 1 die mit und ohne Druckbelastung zu brennenden beiden prismatischen Prüfkörper, 2 den mit Kanthal-Wicklungen ausgestatteten 4,5-kW-Kammerofen. Die Körper stehen in gleicher Höhe auf der Grundplatte 3. Auf ihnen liegt je ein quadratisches Plättchen 4 zur Aufnahme der Übertragungsstempel. Die feuerfesten Teile 3–5 bestehen aus Silimanit. Während der im Bild rechts befindliche Stempel 5 der Erfassung der Dehnungs-Schwindungsvorgänge des praktisch unbelasteten Körpers dient, soll der links angeordnete die entsprechenden Vorgänge unter Last vermitteln und ist daher mit dem zu variierenden Gewicht 6 versehen. Das auf dem Ofen befestigte Stativsystem 7 hält einerseits die stempelführenden Kugellager 8, anderseits die potentiometrischen Meßwertgeber 9 mit den Höhentastern 10. Nicht eingezeichnet ist ein neben der Apparatur aufgestellter 12-Watt-Tischventilator, der eine nennenswerte Erwärmung der über der Ofendecke befindlichen Teile verhindert. Im übrigen gewährleistet eine die thermischen Auftriebskräfte nützende einfache Belüftung des Brennraumes ein Brennen in oxydierender Atmosphäre.

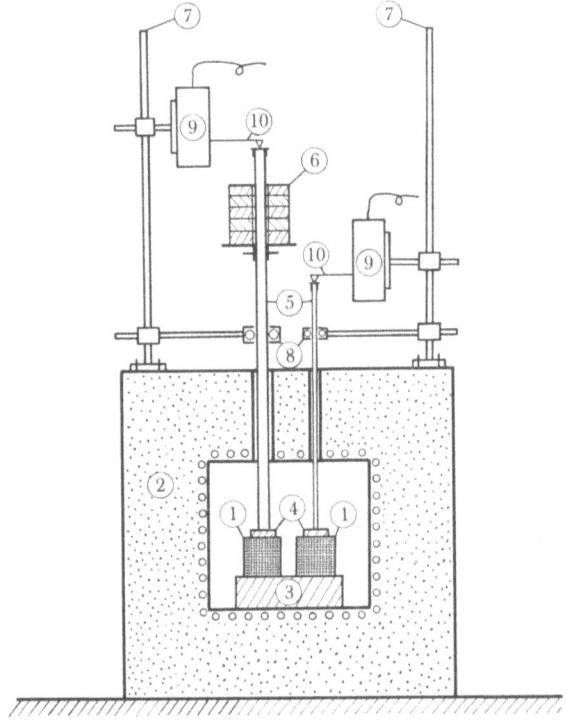

Abb. 3   Schemazeichnung der Versuchsapparatur

Die kontinuierliche Registrierung der Meßwerte erfolgt durch einen elektronischen Kompensationsschreiber in Form von zwei entsprechenden Dehnungs-Schwindungskurven. Die Eigenausdehnung des Übertragungssystems wird nachträglich rechnerisch kompensiert.

Die zum Einsatz kommenden Prüfkörper aus jeweils gleicher Masse besitzen die Abmessungen 40 × 40 × 24 mm. Die bei den Testbränden angewandte Aufheizgeschwindigkeit wurde mit 60°C/h gewählt und über H & B-Programmregler konstant gehalten.

Die Abb. 4 zeigt die Versuchsapparatur, die auf relativ einfache Weise eine selbsttätig registrierende Messung des Dehnungs-Schwindungsverlaufes der Versuchsmassen während der gesamten Aufheizung mit und ohne Druckbelastung gestattet, im Einsatz.

Abb. 4 Versuchsapparatur zur Ermittlung des Brennverhaltens von Ziegelrohstoffproben mit und ohne Druckbelastung im Einsatz

3.3 Durchführung und Ergebnis der Versuche zur Verbreiterung des Sinterintervalls mit verschiedenen Zusatzstoffen

3.3.1 Orientierender Vortest mit Zusatz von feuerfestem Ton

Wie erwähnt, ist man bestrebt, den Ziegel beim Brennen möglichst nahe an den Punkt der beginnenden Erweichung heranzubringen. Es erleichtert die Feuerführung hierbei naturgemäß um so mehr, je allmählicher sich die Schwindung bis zu diesem Punkt fortsetzt, d. h. also, je breiter das Sinterintervall bis dahin ist.

Obwohl bekannt ist, daß der Versatz eines Ziegelrohstoffes mit feuerfestem Ton diesem Bestreben entgegenkommt, erschien zunächst wissenswert, welche Schwindungskurve sich bei Vermischung des Testmaterials W mit einem solchen Zusatzton ergibt. Da die gewünschte Wirkung den Erfahrungen nach erst bei Verwendung von mehr als 18 Anteilsprozenten feuerfestem Ton erwartet werden kann, wurde das Mischungsverhältnis feuerfester Ton : Ziegelrohstoff = 25:75 gewählt, bezogen auf das Gewicht der Trockensubstanz. Als Feuerfestmaterial kam der Westerwald-Ton »EOZ« von Hintermeilingen (34% Al_2O_3) zur Anwendung.

Der erste Versuch ohne und mit feuerfestem Ton wurde ohne Gewichtsbelastung durchgeführt. In Abb. 5 zeigt die durchgezogene Kurve den Schwindungsverlauf des unvermischten Materials W bis zur blähenden Wiederausdehnung, die gestrichelte den der Mischung mit dem feuerfesten Ton. Man sieht, daß vor der Wiederaufbiegung die gestrichelte Kurve der Mischung bedeutend flacher verläuft als die des unversetzten Ziegelrohstoffes.

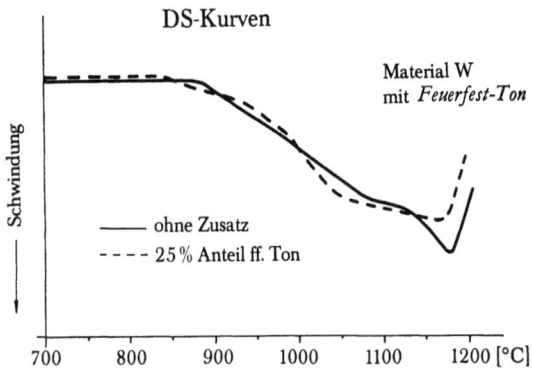

Abb. 5 Beeinflussung des Schwindungsverlaufes durch Zusatz von feuerfestem Ton ohne Auflast

Wesentlich stärker zeigt sich jedoch der Effekt des feuerfesten Tones bei Gegenüberstellung der Kurven der mit Auflast gebrannten Körper beider Massen (Abb. 6). Zunächst fällt die gestrichelte Kurve der Mischprobe zwar steiler als die des Grundmaterials ab, dann aber wird sie beträchtlich flacher. *Die höhere Feuerstandfestigkeit der mit dem feuerfesten Ton versetzten Probe äußert sich hier also in jener Verflachung der Kurve, die schon viele Temperaturgrade vor dem Übergang zum Steilabfall beginnt.* Selbst wenn man die letzten 100° C vor Kurvenabbiegung als weit gefaßten Garbrandbereich annähme, ergäbe sich hier eine Schwindungszunahme von nur rund 0,3% der Körperhöhe. Zweifellos ist solches für die Feuerführung ein beträchtlicher Vorteil.

Die Gegenüberstellung der Diagramme von Abb. 5 und 6 vermittelt den Eindruck, daß die Wirksamkeit von Zusatzstoffen auf das Brennverhalten erst unter Druck-

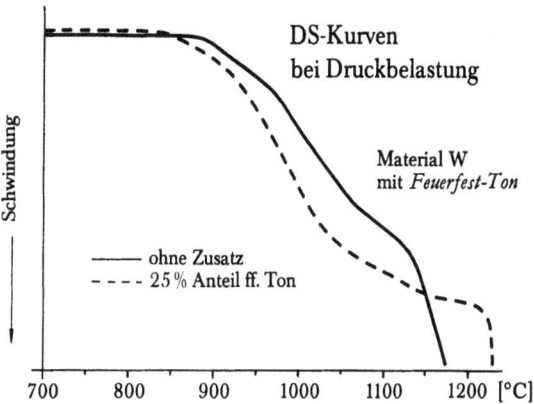

Abb. 6 Beeinflussung des Verlaufs der Schwindung durch Zusatz von feuerfestem Ton bei einer Gewichtsbelastung von 1 kg/cm²

belastung wirklich erkennbar wird. Im weiteren ist daher auf eine Wiedergabe von Prüfungen ohne Auflast verzichtet worden.

3.3.2 Auswahl der für eine Verbreiterung des Sinterintervalls zu erprobenden Zusatzstoffe

Bei den Zusatzstoffen, die der erwähnte amerikanische Wissenschaftler EVERHART bei seinen Versuchen an Stelle von feuerfestem Ton zur Verbreiterung des Sinterintervalls erprobt hat, handelt es sich vorwiegend um solche, die in bestimmten Zweigen der feinkeramischen Industrie als Flußmittel Verwendung finden. Die Flußmittelwirkung tritt hier in der Regel aber erst bei Temperaturen in Erscheinung, die über den bei Ziegelrohstoffen vorkommenden liegen. Durch Analysenvergleiche und von dem Bestreben geleitet, soweit möglich preiswerte Zusatzstoffe für die mitteleuropäische Ziegelindustrie zu finden, wurden für die hier vorzunehmenden Versuche in Betracht gezogen:

Tuff aus dem mittelrheinischen Bimsgebiet, Flugaschegranulat aus Ruhr-Kraftwerken, Rennschlacke von Krupp, Essen, Talk aus Bayern, Lepidolith aus Sachsen, Nephelin-Syenit aus Norwegen, Phosphorschlacke aus dem Rheinisch-Westfälischen Industriegebiet, Dolomit aus dem Harz und schließlich großtechnisch gefälltes Calciumcarbonat.

Bei dem Calciumcarbonat handelt es sich um ein Abfallprodukt der Ätznatronherstellung (Solvey), das bei den früheren Versuchen des Institutes mit Kalkzusatz noch keine Verwendung gefunden hat. Es fällt in relativ hoher Kornfeinheit an (97% $< 120\,\mu m$, 89% $< 40\,\mu m$ $\varnothing$), während die anderen aufgeführten Stoffe für die feinverteilte Einarbeitung erst in einem Mahlprozeß bis auf ca. 90% $< 120\,\mu m$ $\varnothing$ zerkleinert werden müssen.

Vorteste mit verschiedenen Prozentsätzen dieser Zusatzstoffe unter Verwendung des Leitz-Dilatometers sowie verkürzte Brennreihen ohne Last führten zu dem

Ergebnis, daß einige Stoffe wegen zu starker Flußmittelwirkung auf den Ziegelrohstoff für die Hauptversuche ausscheiden mußten und nur die in Tab. 1 aufgeführten Mischungen in Betracht kamen:

Tab. 1   Versuchsmischungen

        95% Material W + 5% Talk
        95% Material W + 5% Lepidolith
        95% Material W + 5% Nephelin-Syenit
        95% Material W + 10% Phosphorschlacke
        90% Material W + 10% Calciumcarbonat

3.3.3 Prüfung der Versuchsmischungen unter Last mit Erfassung der Druckerweichungspunkte

Die Versuchsmischungen wurden auf übliche Weise zusammengesetzt und die mit Hilfe einer Kastenform naßgeformten Probekörper rissefrei bis zur Gewichtskonstanz bei 110°C getrocknet. Einsatz- und Brennweise im Elektroofen ergeben sich aus Kapitel 3.2.

Bei allen Mischproben fand, wie beim unvermischten Material W (siehe Abb. 2), durch die Gewichtsbelastung eine Verhinderung der blähenden Wiederausdehnung im Anschluß an den in der Praxis noch ausnutzbaren Bereich der Brennschwindung statt. Im gleichen Brennstadium (Umkehrbereich) konnte das Eindrücken des belasteten Stempels in die Masse beobachtet werden, das sich bei weiterer Aufheizung schnell verstärkte. Bei Erreichen jenes Temperaturgrades, bei dem am unbelasteten Körper das größte Schwindmaß erreicht war, wurde am belasteten Körper in der Regel eine Eindrucktiefe von ca. 2% gegenüber der Höhe des unbelasteten Körpers gemessen. Eine Eindrückung in dieser Größenordnung würde an der Sichtfläche eines Verblendziegels bereits eine Qualitätsminderung bedeuten, doch läßt sie den Körper für eine allgemeine Vermauerung noch nicht unbrauchbar werden.

Für die Versuchsauswertung erschien es zweckmäßig, einen »Druckerweichungspunkt« festzulegen. Mit Hinsicht auf das vorstehend Ausgeführte wurde hierfür jener Punkt gewählt, in dem die Auflast von 1 kg/cm^2 am belasteten Prüfkörper eine Eindrucktiefe von 2% gegenüber der Höhe des unbelasteten Körpers verursacht, die dieser im Zustand seiner stärksten Schwindung aufweist.

Im Zusammenhang mit der gewählten Art der Auswertung der Meßergebnisse möchte bemerkt werden, daß es in der Praxis für die Feuerführung im Garbrandtemperaturbereich belanglos ist, ob sich diese bei niederer oder höherer Temperatur vollzieht. Was nützt es schließlich, wenn man z. B. ein Material statt bis 980°C auf 1100°C aufheizen kann, und der Scherben hat bis dahin noch immer nicht die geforderte Qualität, während sich dann binnen weniger weiterer Aufheizgrade eine so starke Sinterungsbeschleunigung einstellt, daß die Gefahr eines schnellen Abgleitens in den Erweichungszustand besteht. Die mit Hinsicht auf die

Eigenschaften feuerfester Erzeugnisse mitunter anzutreffende Vorstellung, daß mit dem Begriff »feuerstandfest« auch für Ziegelbrenngut eine Beständigkeit bei besonders hoher Temperatur verbunden sein muß, wird also den tatsächlichen Verhältnissen nicht gerecht. Durch die Verschiedenartigkeit der Zusatzstoffe liegen die zulässigen Aufheizspitzen bei unterschiedlichen Temperaturen. Unter Berücksichtigung des Vorstehenden erschien es zulässig, im Auswertungsdiagramm (Abb. 7) der besseren Vergleichbarkeit halber die ermittelten Druckerweichungspunkte aller Proben auf *eine* Temperaturlinie als Bezugsbasis zu legen (rechts) und alle Schwindungskurven durch einen gemeinsamen Punkt der »zulässigen Aufheizspitze« zu führen. Dieser wurde in Übereinstimmung mit Messungen in der Praxis auf 30°C unterhalb der Temperatur des Druckerweichungspunktes festgelegt. Auf die im vorliegenden Fall nebensächliche Eintragung der wirklichen Grade der Aufheiztemperatur sowie der Schwindungsprozente ist verzichtet worden, doch findet man auf Abszisse und Ordinate je eine entsprechende Teilung, unter deren Zuhilfenahme die jeweiligen Temperatur- und Schwindungsdifferenzen abgelesen werden können.

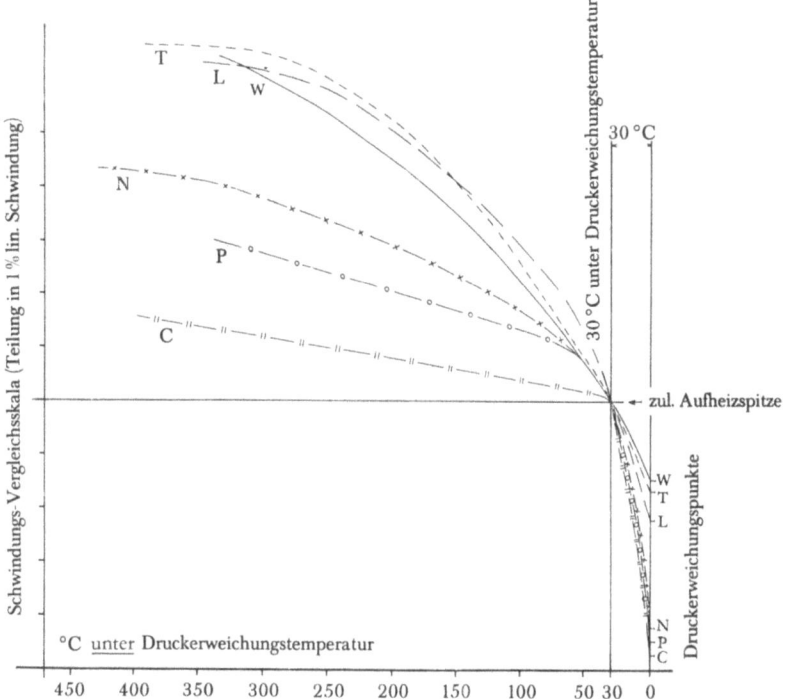

Abb. 7 Einfluß verschiedener Zusatzstoffe auf den Brennschwindungsverlauf eines Ziegelrohstoffes bis zum Deformationsbeginn unter einer Auflast von 1 kg/cm²
Kurve W = unvermischte Probe, T = 5% Talk, L = 5% Lepidolith,
N = 5% Nephelin-Syenit, P = 10% Phosphorschlacke,
C = 10% Calciumcarbonat

Zur Diagramm-Abb. 7 ist ergänzend zu bemerken, daß die Schwindung nach Erreichen der jeweils größten Ausdehnung bei allen Mischproben früher einsetzte als bei der Materialprobe W. Im einzelnen ergaben sich hierfür die in Tab. 2 angegebenen Werte.

Tab. 2

Zusatzstoff	Anteil [%]	Kurzzeichen im Diagramm	Schwindungsbeginn der Mischung [°C]
kein Zusatz	–	W	850
Talk	5	T	710
Lepidolith	5	L	700
Nephelin-Syenit	5	N	770
Phosphorschlacke	10	P	700
Calciumcarbonat	10	C	740

Aus Abb. 7 ergibt sich zunächst, daß der Einfluß von Talk und Lepidolith gering ist. Die Kurven der entsprechenden Mischproben nähern sich der zulässigen Aufheizspitze sogar mit etwas steilerem Abfall als die Kurve der unvermischten Probe. Damit kamen auch diese beiden Stoffe für den gedachten Zweck nicht in Betracht. Der Zusatz von Nephelin-Syenit bewirkt anfänglich eine allmählicher verlaufende Schwindung. Ab ca. 25°C vor der zulässigen Aufheizspitze aber schwenkt die Kurve in den gleichen Verlauf ein, wie ihn die der unvermischten Rohstoffprobe W aufweist. Dieses Ergebnis befriedigt also ebenfalls nicht. Die Kurve der Probe mit Phosphorschlacke verläuft ähnlich, wohingegen die der Probe mit Calciumcarbonat von allen anderen abweicht, indem sie als einzige bis zur zulässigen Aufheizspitze wirklich flach verläuft.

Bei den letztgenannten Mischproben erhob sich die Frage, ob ein verringerter Anteil der Zusatzstoffe zu einem günstigeren Ergebnis führen könnte.

Es entspricht betrieblicher Erfahrung, daß sich nichtwasserlösliches, feinkörniges Zusatzgut in einer Größenordnung von weniger als 5 Anteilsprozenten in einer Ziegelmasse kaum noch gleichmäßig zur Wirkung bringen läßt. Unter Berücksichtigung dessen erübrigte sich eine weitere Untersuchung mit Nephelin-Syenit, nicht aber mit Phosphorschlacke, für die den Vortesten nach zunächt ein Mischungsanteil von 10% zweckmäßig erschien. Beim Calciumcarbonat, das ebenfalls mit 10 Anteilsprozenten erprobt wurde, interessierte ein geringerer Anteil insofern, als die Schwindung bis zur zulässigen Aufheizspitze zwar nur mäßig fortschreitet, anschließend aber, d. h. bis zum Druckerweichungspunkt, am krassesten von allen Proben.

Mithin wurden nochmals Mischproben angesetzt und geprüft, und zwar mit 5% Phosphorschlacke und 5% sowie 2% Calciumcarbonat. Die Variante mit 2 Anteilsprozenten Calciumcarbonat erschien im Hinblick darauf gerechtfertigt, daß der Ziegelrohstoff W von Natur aus bereits einen Gehalt an feinverteiltem $CaCO_3$ in Höhe von ca. 7% besitzt.

3.3.4 Prüfung von Versuchsmischungen mit verringerten Anteilen Phosphorschlacke und großtechnisch gefälltem Calciumcarbonat unter Last bis zu einer linearen Schwindungszunahme von 0,03%/°C

Die Abb. 8 gibt den Schwindverlauf von Material W ohne und mit 5% Phosphorschlacke bei 1 kg/cm² Belastung wieder. (Bei diesem industriellen Abfallprodukt handelt es sich um ein Calciumsilikat mit geringen Anteilen Phosphorpentoxyd und Fluor.) Die Kurvenverflachung setzt, wie man sieht, auch mit 5% dieses Zusatzstoffes bereits bei 700°C ein. Die Kurve der Mischprobe schneidet die des Grundmaterials und bleibt dann wesentlich flacher.

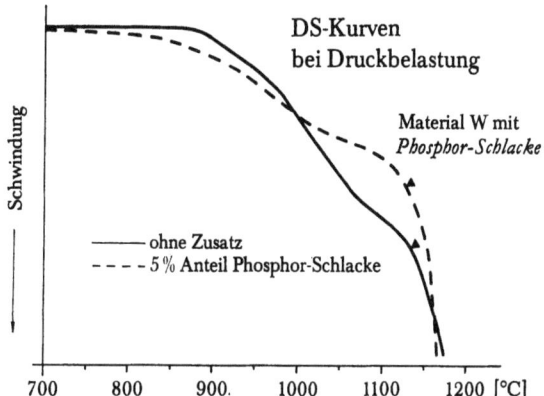

Abb. 8 Schwindverlauf ohne und mit 5% Phosphorschlacke bei einer Belastung von 1 kg/cm²

Zur Beurteilung des Kurvenabstiegs im kritischen Bereich bietet sich außer der im Vorabschnitt dargestellten auch die Heranziehung des Punktes an, in dem die Steilheit einen Grad erreicht, von dem ab die Gefahr eines Abgleitens in den Deformationsbereich besteht. Für die bei den Versuchen gegebenen Voraussetzungen wurde der für alle Proben vergleichsfähige Punkt dort gefunden, wo sich je Grad Celsius weiterer Aufheizung eine lineare Schwindungszunahme von mehr als 0,03% der Körperhöhe ergibt. Dieser Punkt ist bei den vorliegenden wie auch bei den weiteren Kurven durch einen kleinen Keil gekennzeichnet.

Da man in Abb. 8 bei der Mischung mit 5% Phosphorschlacke einen flacheren Abfall im Bereich der letzten Aufheizgrade vor dem Keil erkennt als bei der unvermischten Probe, scheint hier in gewissem Maße eine Hebung der Feuerstandfestigkeit des Ziegelrohstoffes gegeben zu sein.

In Abb. 9 ist am Verlauf der gestrichelten Kurve zu erkennen, daß sich die mit 2% gefälltem $CaCO_3$ versetzte Masse ähnlich verhält wie die Mischung mit 5% Phosphorschlacke. Allerdings sind hier die interessierenden Effekte stärker ausgeprägt, und wie aus der Position der Keile zu ersehen, liegt die Temperatur der maximal zulässigen Aufheizspitze etwas höher.

In Abb. 10 ist zu erkennen, daß mit 5% Calciumcarbonat bereits eine sehr erhebliche Kurvenverflachung bis zur maximal zulässigen Aufheizspitze eintritt. Auch hier liegt letztere etwas höher als beim Grundmaterial.

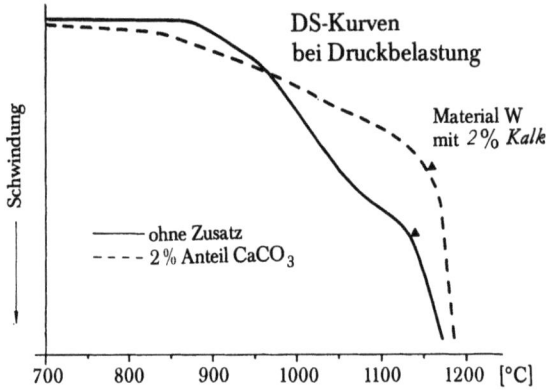

Abb. 9 Schwindverlauf ohne und mit 2% gefälltem Calciumcarbonat bei einer Belastung von 1 kg/cm²

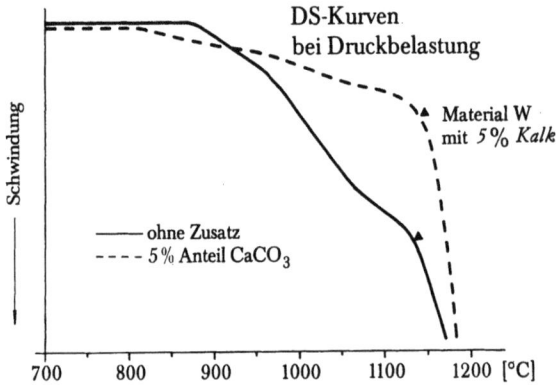

Abb. 10 Schwindverlauf ohne und mit 5% gefälltem Calciumcarbonat bei einer Belastung von 1 kg/cm²

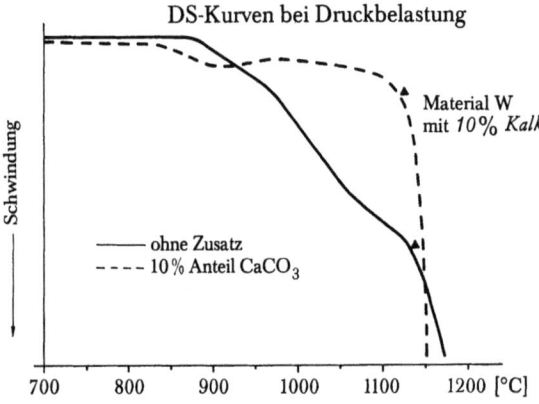

Abb. 11 Schwindverlauf ohne und mit 10% gefälltem Calciumcarbonat bei einer Belastung von 1 kg/cm²

Zum Vergleich wird noch einmal in Abb. 11 der Versuch mit 10% gefälltem Calciumcarbonat herangezogen, jedoch in der Darstellungsweise wie bei den Versuchen mit 2% und 5% CaCO$_3$. In Gegenüberstellung der Diagramme erkennt man, daß sich die Schwindkurve bis zum eingezeichneten Keil mit steigendem Kalkanteil zunehmend verflacht, daß der anschließende Kurventeil aber auch an Steilheit zunimmt. Im übrigen erscheint bemerkenswert, daß bei 10% Calciumcarbonat die zulässige Aufheizspitze hinter die des unvermischten Materials zurücktritt.

3.4 Auswertung der Versuche zur Verbreiterung des Sinterintervalls

Aus Vorstehendem ist zu folgern, daß sich die günstige Wirkung von feuerfestem Ton auf die Verbreiterung des Sinterintervalls und damit auf die Hebung der Standfestigkeit des Ziegelrohstoffes im Feuer durch die erprobten Zusatzmittel zwar nicht erreichen läßt, daß aber doch zumindest Teilwirkungen zu erzielen sind. Von den als Zusatzmittel erprobten Stoffen sind nur jene in das abschließende Vergleichsdiagramm in Abb. 12 aufgenommen, für die eine Gegenüberstellung lohnend erschien. Das Diagramm zeigt die wichtigsten Kurvenabschnitte der mit Druckbelastung von 1 kg/cm^2 gebrannten Proben.

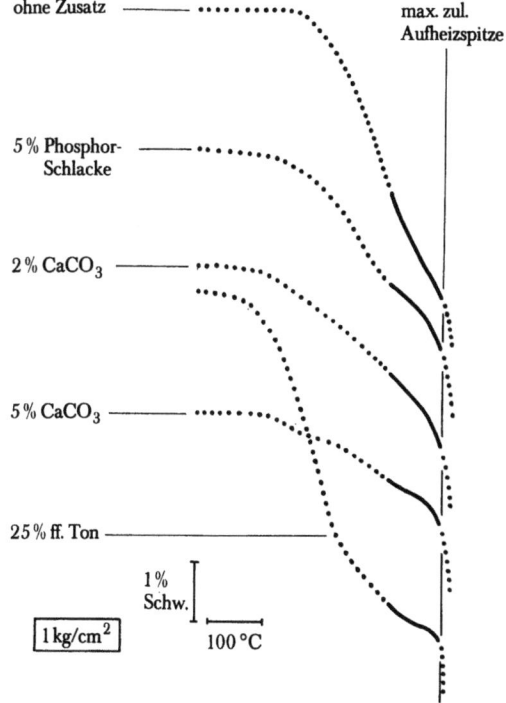

Abb. 12 Gegenüberstellung der unter einer Gewichtsbelastung von 1 kg/cm^2 entstandenen Brennschwindungskurven mit verschiedenen Zusätzen vermischter Proben

Der besseren Vergleichbarkeit halber sind hier die Kurven so angeordnet, daß die maximal zulässigen Aufheizungsspitzen auf einer gemeinsamen Bezugstemperaturlinie liegen. Die maßgeblichen Kurvenabschnitte der letzten 100 Aufheizgrade vor dieser Linie sind durchgezogen, die angrenzenden Abschnitte gepunktet. Man kann den hervorgehobenen Temperaturabschnitt als reichlich ausgelegten Garbrandtemperaturbereich bezeichnen. Gegenüber den zuvor gezeigten Einzeldiagrammen ist die zugrunde gelegte Temperaturteilung hier auf die Hälfte verkürzt, wodurch die absteigenden Kurvenäste steiler als zuvor in Erscheinung treten.

Von oben nach unten sind dargestellt die Kurven von:

1. Ziegelrohstoff W ohne Zusatz
2. Ziegelrohstoff W mit 5% Phosphorschlacke
3. Ziegelrohstoff W mit 2% Calciumcarbonat
4. Ziegelrohstoff W mit 5% Calciumcarbonat
5. Ziegelrohstoff W mit 25% Feuerfestton

Wie man sieht, laufen bei dieser Reihenfolge die unter Last entstandenen Kurven im Bereich der letzten 100°C mit zunehmender Abflachung auf den Punkt der maximal zulässigen Aufheizungsspitze zu, woraus die gesteigerte Wirkung der einzelnen Zusätze auf die Hebung der Feuerstandfestigkeit des Ziegelrohstoffes hervorgeht.

Die Untersuchungen wären unvollständig, wenn man sie nicht durch Daten, die die wichtigsten Eigenschaften der ohne und mit den Zusätzen versehenen Massen kennzeichnen, ergänzen würde. Es wurden daher von den Versuchsmassen weitere Probekörper im Format 80 × 40 × 24 mm – ohne Belastung – bis zu den Temperaturstufen 1080°C, 1120°C und 1160°C mit 60°C/h im Elektrolaborofen aufgeheizt und anschließend ohne Haltezeit langsam abgekühlt. Hiervon liegt die Spitzentemperatur von 1160°C in einem Bereich, in dem unter Last bereits eine Deformation eintritt. Von den Probekörpern wurden einerseits die Wasseraufnahmen nach zweistündigem Kochversuch, andererseits die Druckfestigkeiten bestimmt. Die Druckfestigkeiten liegen gegenüber solchen, die man an NF-Vollziegeln ermitteln würde, auf Grund der abweichenden Voraussetzungen höher; sie sind daher nur untereinander vergleichbar. Die Tabellen 3 und 4 geben die Resultate wieder.

Tab. 3

Zusatz	Wasseraufnahme nach		
	1080°C [%]	1120°C [%]	1160°C [%]
ohne	8,4	7,6	4,3
5% Phosphorschlacke	11,6	9,9	7,4
2% $CaCO_3$	12,3	10,7	7,6
5% $CaCO_3$	14,1	13,8	11,2
25% ff. Ton	5,1	4,9	3,9

Tab. 4

Zusatz	Kaltdruckfestigkeit nach		
	1080°C [kg/cm^2]	1120°C [kg/cm^2]	1160°C [kg/cm^2]
ohne	896	1022	1162
5% Phosphorschlacke	598	827	1322
2% CaCO$_3$	585	667	1067
5% CaCO$_3$	466	546	764
25% ff. Ton	953	888	909

Die Brände bei 1120°C kommen den zulässigen Spitzentemperaturen der Versuchsmassen am nächsten, weshalb sich die hier erzielten Werte für Vergleiche am besten eignen. In bezug auf die in diesem Fall ermittelten Wasseraufnahmen ist gegenüber der Probe des Grundmaterials nur bei der Probe mit feuerfestem Ton eine Verminderung festzustellen. Beim Zusatz des Calciumcarbonates zeigt sich mit steigendem Anteil des Zugabestoffes eine Zunahme der Wasseraufnahme, während sich bei 5% Phosphorschlacke ein Wert ergibt, der zwischen dem des Grundmaterials und dem der Mischung mit 2% CaCO$_3$ liegt.

Bei den Druckfestigkeiten besteht nun hinsichtlich des Calciumcarbonats eine gewisse Analogie zur Wasseraufnahme: die Druckfestigkeiten liegen erheblich unter der des Grundmaterials und nehmen mit steigendem Kalkanteil der Masse ab. Beim Zusatz des feuerfesten Tones ergibt sich nur bei 1080°C gegenüber dem reinen Grundmaterial ein etwas höherer Wert; bei den höheren Temperaturen verändert sich hierin wenig, so daß hier die Druckfestigkeit der Mischung hinter der des Grundmaterials zurückbleibt. Die mit Phosphorschlacke versetzte Masse liegt bei der Vergleichstemperatur von 1120°C mit ihrer Festigkeit unter der des Grundmaterials, doch nennenswert über den mit Kalk versetzten Massen.

Zieht man das Fazit aus den Versuchen, so ist zu sagen, daß die Erhöhung der Feuerstandfestigkeit beim Ziegelmaterial W nur gegen eine Abnahme der Druckfestigkeit einzutauschen ist und mit Ausnahme des Versatzes mit 25% feuerfestem Ton auch gegen eine Erhöhung der Wasseraufnahmefähigkeit.

4. Der Einfluß reduzierender Atmosphäre auf die Feuerstandfestigkeit von Ziegelrohstoffen

In Kapitel 2 war bereits darauf hingewiesen worden, daß Ziegelrohstoffe bis auf wenige Ausnahmen einen erhöhten Gehalt an Fe_2O_3 besitzen, das bei Sauerstoffmangel zu Fe_3O_4 bzw. FeO reduziert wird und damit eine Flußmittelwirkung ausübt. [11]

Um den Einfluß der Brennatmosphäre generell zu demonstrieren, wurden Probekörper verschiedener Mauerziegellehme im Elektro-Muffelofen teils in der sonst üblichen oxydierenden, teils in reduzierender Atmosphäre gebrannt. Die Herbeiführung der reduzierenden Atmosphäre erfolgte durch CO-Anreicherung in der Weise, daß nach Erreichen der jeweils vorgesehenen Spitzentemperatur für die Dauer von 22 Minuten Steinkohlenstückchen in den verschlossenen Brennraum gegeben wurden, ohne gleichzeitig genügend Verbrennungsluft zuzuführen.

Die Ergebnisse zeigt Tab. 5 an drei Beispielen. Vergleicht man die Schwindungen und vor allem die die Scherbenverdichtung kennzeichnenden Wasseraufnahmewerte nach oxydierendem und reduzierendem Brand bei jeweils gleicher Spitzentemperatur, so wird eine erheblich sinterungsverstärkende Wirkung der reduzierenden Atmosphäre deutlich.

In welcher Größenordnung das reduzierende Brennen sinterungsfördernd wirkt, läßt vor allem das 3. Beispiel erkennen. Bei 1040°C wurde durch Reduzieren eine Scherbendichte erreicht, die nicht nur beträchtlich höher als die durch oxydierendes Brennen bei gleicher Temperatur erzielte liegt, sondern sogar noch ein wenig höher als diejenige, die sich beim oxydierenden Vergleichsbrand mit der um 80°C höheren Brenntemperatur von 1120°C ergab.

Die herangezogenen Rohstoffe waren nur wenig- bis mittel-plastisch. Bei plastischen Materialien zeigte sich in reduzierender Atmosphäre eine verstärkte Neigung zu Reduktionskernbildungen und teils auch zu frühen Deformationen in Form von Aufblähungen. Das gleiche war bei mehreren Tonschiefern festzustellen. Das in Tab. 6 gegebene Beispiel bezieht sich auf einen mageren Lehm, aus welchem rotbraune Klinker hergestellt werden. Hier wurde die Untersuchung auf die Einwirkung einer längeren Haltezeit bei oxydierendem Brand erweitert (6 Stunden statt 0,5 Stunden Verharren bei 1160°C Spitzentemperatur), außerdem wurde in diesem Fall auch die Druckfestigkeit der Körper geprüft. Wie man sieht, wird die Scherbendichte und -festigkeit durch die lange Haltezeit in oxydierender Atmosphäre gesteigert, erheblich mehr jedoch durch ein kurzzeitiges Reduzieren.

Schließlich wurden Probekörper des Schiefertones W in der vorbeschriebenen Apparatur mit einer Gewichtsbelastung von 1 kg/cm² sowohl in oxydierender als auch in reduzierender Brennatmosphäre geprüft. Die Abb. 13 zeigt das Ergebnis in Gegenüberstellung und läßt erkennen, daß die Schwindung der reduzierend

Tab. 5 Vergleichsbrände in oxydierender und reduzierender Atmosphäre

Materialart	Brenn-temperatur [°C]	Brand: oxydierend		Brand: reduzierend	
		lin. Brennschwind. [%]	Wasseraufnahme [%]	lin. Brennschwind. [%]	Wasseraufnahme [%]
1. Sandiger Lehm (Vollziegelmaterial)	1080	2,10	12,0	5,85	5,09
2. Lehm, angewandt für gelochte Vollziegel	1080	2,52	11,8	7,00	2,68
3. Lehm, angewandt für Gitterziegel	1040 1080 (vgl.) 1120 (vgl.)	1,04 2,71 4,17	17,09 13,40 10,92	5,01 Schmolz Schmolz	9,69

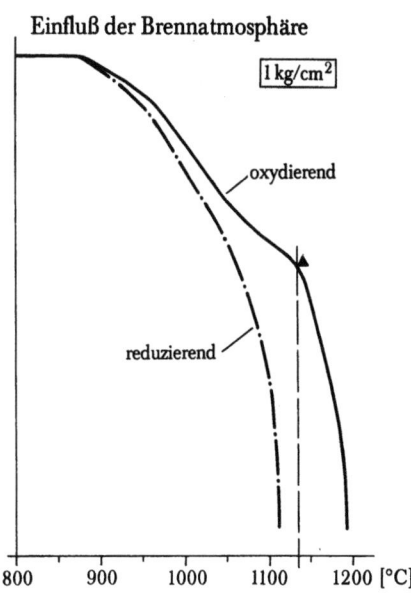

Abb. 13 Schwindungsverlauf des Ziegelrohstoffes W in oxydierender und reduzierender Atmosphäre bei einer Belastung von 1 kg/cm²

Tab. 6 Vergleichsbrände in oxydierender und reduzierender Atmosphäre mit Feststellung der erzielten Druckfestigkeit (Klinker)

Brand Nr.	Brenn- temp. [°C]	Haltezeit [h]	Brenn- atmosphäre	Brenn- schwind. [%]	Wasser- aufnahme [%]	Druck- festigkeit [kg/cm²]
1.	1160	0,5	oxyd.	1,25	12,27	673
2.	1160	**6,0**	oxyd.	1,46	11,60	706
3.	1160	0,5	**reduz.**	3,04	8,43	957

gebrannten Probe im nutzbaren Temperaturbereich hier um ca. 70°C niedriger als die der oxydierend gebrannten Probe verläuft.

Aus diesen Beispielen ist zu erkennen, daß reduzierende Brennatmosphäre imstande ist, das Sinterintervall eines Ziegelrohstoffes bedeutend zu verkürzen.

Für die Praxis des Ziegelbrennens kommt dieser Feststellung große Bedeutung zu. Man nehme einmal an, das Einsetzgut erreicht im oxydierenden Feuer gerade die zulässige Garbrandtemperatur, und durch irgendeine Maßnahme am Ofen wird die Frischluftzufuhr stark herabgesetzt. Das kann zu reduzierender Atmosphäre führen, durch die eine solche Beschleunigung der Sintervorgänge möglich ist, daß das Brenngut ohne Erhöhung der Temperatur in den Erweichungszustand abgleitet. Nach Feststellungen in der Praxis kann sich aber auch bei insgesamt oxydierendem Brand örtlich begrenzt im Ofeneinsatz eine reduzierende Atmo-

Abb. 14 Der Brennschärfeunterschied dieser beiden Ziegel kann sich bei gleicher Temperatur ergeben haben, sofern die Brennatmosphäre verschieden war

sphäre einstellen. In der Regel geschieht dies dort, wo der aufgegebenen Kohle- oder Ölmenge das erforderliche Mindestquantum an Verbrennungsluft nicht zuströmt. Dies ist sowohl durch verbauende und damit strömungsbehindernde Setzweise möglich, als auch durch zu hohe Brennstoffaufgabe im Verhältnis zum Sauerstoffangebot. Wenn also von ein- und demselben Setzblatt zwei Ziegel aus dem Ofen kommen, die so unterschiedlich stark gesintert sind wie die in Abb. 14 gezeigten, so muß die Ursache nicht unbedingt in unterschiedlicher Brenntemperatur liegen. Die Temperatureinflüsse über den Brennkanalquerschnitt können durchaus gleich gewesen sein, sofern der überbrannte Ziegel im Gegensatz zur sonst oxydierenden Ofenatmosphäre in einem örtlich begrenzten Bereich reduzierenden Feuers gestanden hat.

Ehe man sich also in einem Betrieb entschließt, die Feuerstandfestigkeit des Materials durch Zusatzstoffe zu heben, sollte zunächst ermittelt werden, ob nicht bereits durch sachgemäßere Steuerung der Sauerstoffzufuhr eine Besserung des Brennergebnisses zu erreichen ist. Nach den Erfahrungen des Institutes kommt hierbei einer strömungsbegünstigenden Setzweise die größte Bedeutung zu.

Der Vollständigkeit halber sei bemerkt, daß es auch Ziegelrohstoffe gibt, die auf reduzierende Atmosphäre nur schwach reagieren und die man zur Erzielung einer höheren Scherbendichte oder intensiveren Brennfarbe absichtlich reduzierend brennt. Die Anzahl solcher Ziegelmaterialien ist jedoch begrenzt.

5. Versuche zur Bestimmung der zulässigen Gewichtsbelastung der Ziegel beim Brand

5.1 Grundsätzliches

Nimmt man die Breite des Sinterintervalls eines beliebigen Ziegelrohstoffes als gegeben an und will Berechnungsunterlagen für die zulässige Gewichtsbelastung und damit für die größtmögliche Setzhöhe im Tunnelofen gewinnen, so genügt es nicht, die Druckbelastungsfähigkeit im kritischen Brennstadium mit einer Apparatur, wie im Kapitel 3.2 beschrieben, an kleinen Probekörpern zu bestimmen. Wie schon eingangs erwähnt, bedarf es hierzu auch der Berücksichtigung der Größe und vor allem der Form des zu brennenden Produktes, so daß man die Prüfung zweckmäßig an Ziegelformlingen im Originalformat vornimmt. Es genügt insbesondere nicht, wie bei vorbeschriebenen Testbränden mit einer einheitlichen Aufheizgeschwindigkeit zu brennen und eine gleichbleibende Auflast zu verwenden. In Anbetracht des bekannten Temperatur-Zeit-Einflusses auf den Sintervorgang keramischer Massen ist es in diesem Fall vielmehr nötig, die Körper entsprechend der betrieblichen Temperaturkurve zu brennen. Die Auflast aber muß in einer Reihe so vorgenommener Brände variiert werden, d. h. mit einem Wechsel ihrer Größe von Brand zu Brand. Angenommen nämlich, man setzt einen Ziegel beim Brand einer Last x aus, so besteht die Möglichkeit, daß der für das betreffende Produkt geforderte Sintergrad erst erreicht wird, wenn schon Deformationserscheinungen vorliegen. Da noch unbekannt ist, welche geringere Last den Anforderungen genügt, muß man sich mit weiteren Bränden an den gewünschten Zustand herantasten. Eine Fortsetzung des Brandes mit verminderter Last erbrächte naturgemäß wegen der schon eingetretenen Deformation keine verwertbare Aussage. Auch kann der jeweils erzielte Sintergrad nur am wieder abgekühlten Ziegel exakt kontrolliert werden, z. B. mit Hilfe der Wasseraufnahmeprüfung.

Es wäre zu wünschen, an Stelle dieses empirischen Vorgehens ein Verfahren anzuwenden, bei dem man an kleinen Proben einige Stoffkonstanten feststellt und dann unter Mitberücksichtigung der geometrischen Form des Produktes rechnerisch die von Fall zu Fall zuträgliche Druckbelastung ermittelt. In Anbetracht der bekanntlich noch großen Lücken auf dem Gebiete der relativ jungen keramischen Wissenschaft setzt dies jedoch eine Reihe sich ergänzender Forschungsarbeiten voraus, die eine langjährige Bearbeitungszeit erfordern. So notwendig deren Durchführung auch erscheint, so wenig kann für den gegenwärtigen Zeitpunkt, in dem die Ziegelindustrie aus wirtschaftlicher Notwendigkeit die Umstellung vom Ringofen zum Tunnelofen vornimmt, hieraus ein Nutzen erwachsen.

Aus diesem Grunde erschien es vertretbar, vorerst nach einem Verfahren zu suchen, das, wenn auch vorwiegend auf Empirik gestützt, überhaupt einmal die

Möglichkeit zur Vorausbestimmung der zulässigen Druckbelastung der Ziegel beim Brand gestattet.

5.2 Vorausermittlung der Betriebsbrennkurve

Da die Bestimmung der zulässigen Setzhöhe der Ziegel dem Zwecke dienen soll, die Werte für die Festlegung der Brennkanalhöhe für einen neu zu erstellenden Tunnelofen zu liefern, ist es erforderlich, die Betriebstemperaturkurve, nach der die Versuchsbrände einzelner Ziegel mit Druckbelastung durchzuführen sind, im voraus zu bestimmen.

Ein exaktes Verfahren zur Vorausbestimmung von Betriebsbrennkurven, die auf die brenntechnischen Eigenarten des jeweils verwendeten Materials abgestimmt sind, besteht noch nicht. Für die vorzunehmenden Versuche wurde daher auf ein Behelfsverfahren zurückgegriffen, dessen sich das Institut für Ziegelforschung Essen e V. z. Z. bei der Ermittlung von Anhaltswerten für die notwendige Länge und Einteilung des Brennkanals neu zu erstellender Tunnelöfen bedient.

Bei diesem Verfahren wird zunächst an Hand einer unter variierten Bedingungen durchgeführten Brennreihe mit werksgeformten Ziegeln in Originalgröße und Zuhilfenahme kleinerer Stoffuntersuchungen die sogenannte optimale Brennkurve des Einzelformlings in oxydierender Atmosphäre ermittelt. Diese Kurve berücksichtigt also die Einflüsse, die sich aus Rohstoff, Form und Größe des Körpers für das Brennverhalten ergeben und bezieht sich auf einen untadeligen Zustand des Ziegels, der bei weiterer Steigerung der Temperaturänderungsgeschwindigkeit in den verschiedenen Temperaturbereichen beeinträchtigt würde. Der bei den ohne Druckbelastung ausgeführten Einzelbränden angestrebte Sintergrad ergibt sich aus Vergleichen des Wasseraufnahmevermögens mit im seitherigen Betriebsofen einwandfrei gebrannten Ziegeln. Wurden aus dem betreffenden Rohstoff seither noch keine Ziegel gefertigt, so werden die benötigten Formlinge im Institut hergestellt und der Sintergrad dem für entsprechende Erzeugnisse üblichen angeglichen.

Dieses im wesentlichen empirische Verfahren wurde im Jahre 1961 in ausführlicher Darlegung beschrieben [13] und ist seither vom Institut laufend angewandt worden. Die Abb. 15 zeigt als Beispiel die so ermittelte optimale Brennkurve eines zu Gitterziegeln verarbeiteten Diluviallehmes.

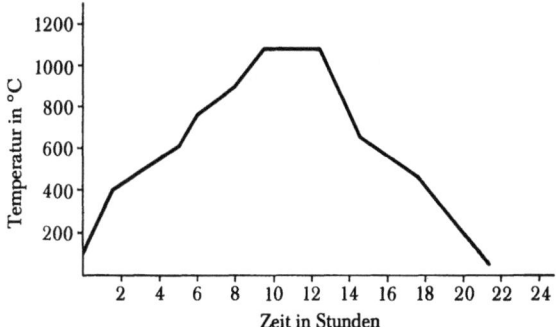

Abb. 15 Optimale Brennkurve eines zu Gitterziegeln verarbeiteten Diluviallehmes

Die optimale Brennkurve des Einzelziegels kann jedoch nicht identisch mit der Betriebsbrennkurve sein, auf die es letztlich ankommt, denn für den Betriebsbrand ergeben sich verschiedene Einflüsse, die eine Verlängerung der Brennzeit notwendig machen.

Die Wärmeübertragungsgesetze der Gegenstromaustauscher, zu denen die Tunnelöfen zu zählen sind, setzen einen kontinuierlichen Verlauf der Aufheizung und der Abkühlung voraus. Die Möglichkeiten der Anpassung des Brandes an die keramisch bedingten Eigenarten des Materials, wie sie in der optimalen Brennkurve wiedergegeben sind durch entsprechende Richtungsänderung der Kurve, sind nach dem heutigen Stand der Technik in jedem Fall begrenzt. Schon hieraus ergibt sich zwangsweise eine Verlängerung der Kurve. Hinzu kommt, daß sich im großen Ofen durch den nur wenig beeinflußbaren Auftrieb der Wärme bei der Massenstapelung erhebliche Abweichungen gegenüber dem Brand eines Einzelformlings im Laborofen ergeben. Auch Ungenauigkeiten der Setzweise und der Brennstoffaufgabe sowie gewisse Mängel der sonstigen Bedienung des Industrieofens sind in keinem Fall ganz auszuschalten.

Die Summe der die Brennzeit verlängernden Einflüsse bedarf also weitestgehender Berücksichtigung, wenn von der optimalen Brennkurve des Einzelziegels auf die Betriebsbrennkurve geschlossen werden soll. Leider ist es seither noch nicht gelungen, die verlängernden Einzelfaktoren genau zu erfassen. Daher verblieb dem Institut vorerst kein anderer Weg, als die Betriebsbrennkurve zu schätzen (Abb. 16). In Anbetracht der diesbezüglichen Erfahrungen des Institutes hat sie jedoch die Bedeutung eines für die Praxis brauchbaren Wertes erlangt. So wurde bis Ende des 1. Quartals 1965 in ca. 200 Fällen eine auf der optimalen Brennkurve des Einzelziegels basierende Betriebsbrennkurve für Tunnelofenbau entworfen, und es ist nach Anwendung noch in keinem einzigen Fall eine Beanstandung erfolgt.

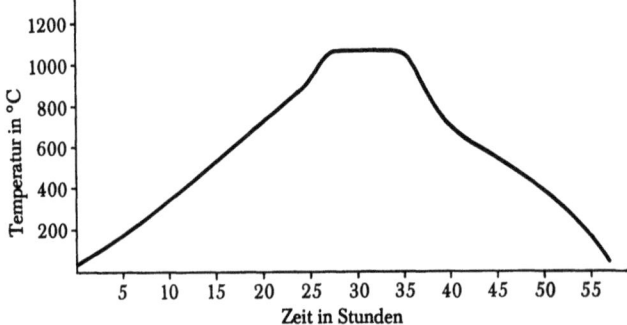

Abb. 16   Im voraus festgelegte Betriebsbrennkurve für Tunnelofenbrand, basierend auf der optimalen Brennkurve gemäß Abb. 15

Mit Hinsicht hierauf erschien es vertretbar, die Versuchsziegel zur Ergründung der zulässigen Druckbelastung entsprechend der auf beschriebene Weise erhaltenen Betriebsbrennkurve zu brennen. Prinzipiell bestand für einen derartigen Weg sogar eine gewisse Notwendigkeit, weil Verformungen im Garbrandtemperaturbereich plastische Vorgänge sind, die auch in Abhängigkeit der Zeit stehen.

5.3 Versuchsanordnung zur Bestimmung der zulässigen Gewichtsbelastung

Im Ofen sind jene Ziegel der stärksten Gewichtsbelastung ausgesetzt, die sich in den unteren Reihen der Setzstapel befinden. Aus der Art der Setzweise können sich jedoch Unterschiede in der Belastung ergeben. Die Abb. 17 zeigt 2 Beispiele für eine Setzweise, die in bezug auf die Lastverteilung als am ungünstigsten anzusehen ist. Im Prinzip ist die Belastung in beiden Fällen gleich, nur wirkt in einem Fall die Durchbiegung nach oben, im anderen nach unten. Die hier relativ große Stützweite der unteren Schicht von ca. 180 mm kann dadurch veranlaßt werden, daß das Besetzen bzw. Abräumen der Tunnelofenwagen mittels Gabelstapler erfolgt, wobei für die einzuführenden Traggabeln genügend Platz erforderlich sein muß. Sie kann aber auch bei generell dichterer Setzweisevorkommen, z. B.

1. wenn nicht sorgfältig gesetzt wird, so daß ein Teil der Ziegel zu geringe, der andere entsprechend weite Abstände voneinander erhält (Abb. 18),

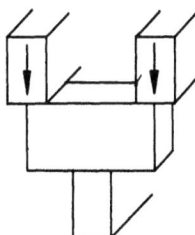

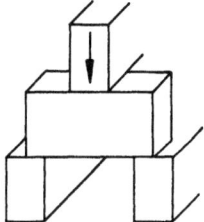

Abb. 17 Beispiel für Fälle ungünstigster Lastauflage

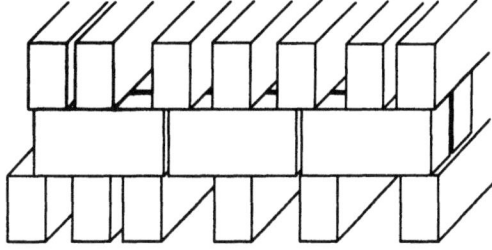

Abb. 18 Beispiel für ungleiche Lastverteilung durch unsorgfältige Setzweise der Sohlschicht

2. wenn einzelne Ziegel in Auflageschichten infolge unterschiedlicher Trocknung oder anderer Einflüsse locker sitzen und benachbarte Formlinge hierdurch stärker belastet werden (Abb. 19).

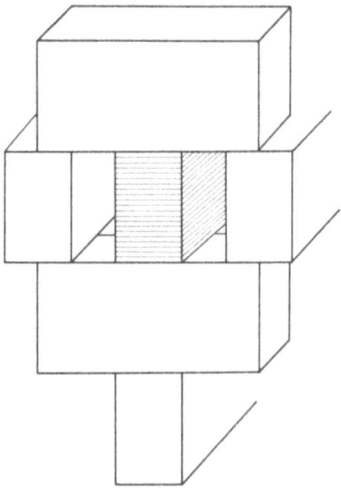

Abb. 19 Locker sitzende Ziegel erhöhen die Belastung der benachbarten Formlinge

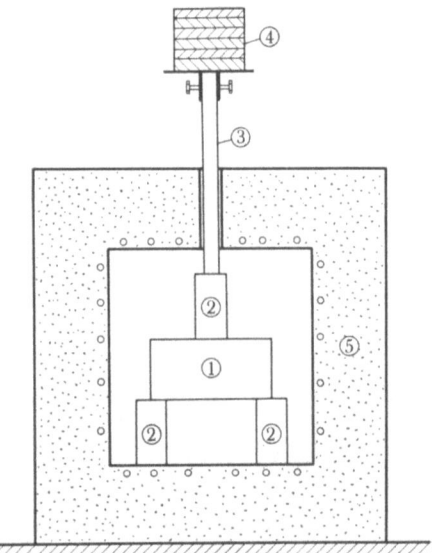

Abb. 20 Versuchsanordnung für einen einfachen Test auf zulässige Gewichtsbelastung
1 = Prüfziegel, 2 = Schamottesteine, 3 = Druckstempel aus Silimanit,
4 = Gewichtsplatten, 5 = elektrisch beheizter Kammerofen

Ausgehend von dem Gesichtspunkt, daß man einer Bestimmung der zulässigen Setzhöhe den ungünstigsten Fall der Belastung zugrunde legen soll, wurde für den Labortest die in Abb. 20 dargestellte Versuchsanordnung gewählt, die dem der Praxis entsprechenden Belastungsmechanismus gemäß Abb. 17 entspricht.
Der Prüfziegel ruht derart auf zwei Schamottesteinen, die parallel in einem Abstand von 180 mm auf der waagerechten Bodenplatte stehen, daß die nach unten gerichtete Läuferseite an beiden Enden über eine Strecke von 30 mm aufliegt. Ein dritter Schamottestein steht mit einer Läuferseite mittig auf dem Prüfziegel, und zwar im rechten Winkel zu dessen Längsachse. Seine Breite wird für den jeweiligen Prüfungsfall so gewählt, daß sie der Breite des Prüfziegels entspricht. Hierdurch ergibt sich für das Normal-Format eine Auflagefläche von 50 cm², für 1½ und 2¼ NF eine solche von 128 cm², über die die Last auf den jeweiligen Prüfziegel wirkt. Das durch Zu- und Abnahme von Metallscheiben variierbare Belastungsgewicht ist auf einem Silimanitstempel von 35 mm $\varnothing$ befestigt. Bei dem Brennofen, durch dessen Decke der Silimanitstempel führt, handelt es sich um einen mit Belüftung ausgestatteten 0,12 -m³-Kammerofen mit freistrahlenden Heizelementen aus Kanthal, Anschlußwert 27 kW.

5.4 Versuchsdurchführung

Nach mehreren Vorversuchen mit Mauerziegeln verschiedener Herkunft, die hauptsächlich der Ergründung der Details der Messung dienten, wurden Versuchsreihen an folgenden Ziegelarten durchgeführt:
1. NF-Vollziegel aus Diluviallehm (ERK I)
2. NF-Hochlochziegel aus gleichem Material (ERK II)
3. NF-Trockenpreß-Vollziegel aus Tonschiefer (WER)
4. 1½-NF-Hochlochziegel aus verwittertem Tonstein (ME)

Zunächst erfolgte die Ermittlung der Betriebsbrennkurve jedes Materials auf die in Kapitel 5.2 beschriebene Weise. Danach wurden Brände entsprechend der Betriebsbrennkurve bis zum Erreichen des in jedem Fall notwendigen Sintergrades mit verschiedenen Auflasten durchgeführt. Aus Gründen der besseren Vergleichbarkeit erschien es zweckmäßig, die Haltezeit bei Spitzentemperatur einheitlich auf 4 Stunden zu begrenzen. Die Tab. 7 gibt die unter diesen Voraussetzungen angewandten Temperaturen sowie die den Sintergrad kennzeichnenden Wasseraufnahmewerte wieder.

Tab. 7 Brenndaten der Testziegel

Ziegelart	Spitzentemperatur [°C]	Wasseraufnahme nach DIN 1065 [%]
ERK I	1190	8,6
ERK II	1190	8,6
WER	1100	6,5
ME	1000	6,8

In Anlehnung an die Praxis wurden die Auflasten für Ziegel im Normalformat zwischen 15 und 45 kg variiert, für die breiteren 1½-NF-Ziegel zwischen 55 und 110 kg.

Als Kriterium wurde das Ausmaß der Durchbiegung angesehen und unter den beschriebenen Versuchsbedingungen das Maß von 0,8 mm Durchbiegung, bezogen auf die Mitte der oberen Läuferfläche des Prüfziegels, als Grenze des Zulässigen erachtet. Die Messung erfolgte jeweils nach völliger Abkühlung des Prüfziegels. Nach Feststellung des Maßes der Durchbiegung wurde jeder Prüfziegel der Wasseraufnahmeprüfung nach DIN 1065 unterzogen, um zu kontrollieren, ob der vorgesehene Sintergrad beim Testbrand auch wirklich erreicht worden ist.

Die bei den verschiedenen Versuchen erhaltenen Maße der Durchbiegung wurden gegen die jeweils angewandte Auflast in ein Koordinatensystem eingetragen. Durch Verbindung der so gewonnenen Punkte ergab sich für jede Ziegelart der »Verlauf der zunehmenden Durchbiegung bei steigender Auflast« (Abb. 21). Aus dem Diagramm ist abzulesen, bei welcher Auflast die zulässige Durchbiegung von 0,8 mm bei den geprüften Ziegelarten unter Anwendung des gewählten Sintergrades erreicht wurde.

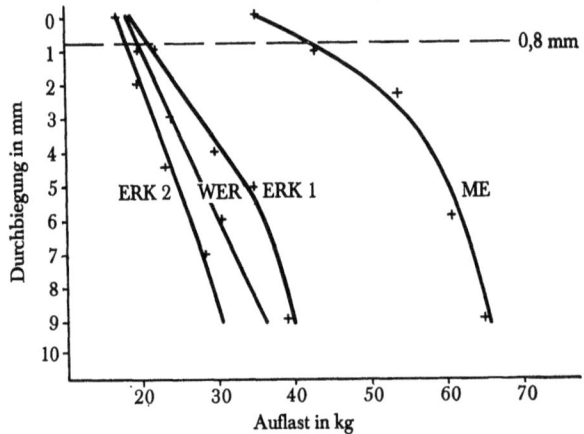

Abb. 21 Verlauf der zunehmenden Durchbiegung bei steigender Auflast im Falle der Ziegelarten ERK I, ERK II, WER und ME

Wie aus Abb. 21 weiter zu ersehen ist, ergab sich nicht nur für die verschiedenen Vollziegel ein unterschiedlicher Verlauf der zunehmenden Durchbiegung (ERK I, WER), sondern es zeigten sich hierin auch wesentliche Abweichungen zwischen vollen und mit Gitterlochung versehenen NF-Formlingen aus gleichem Rohstoff (ERK I, ERK II). Hierbei erwiesen sich die Vollziegel erwartungsgemäß als standfester. Analog verhielten sich auch die Formlinge ERK I und ERK II bei einer gesonderten Studie mit konstanter Gewichtsbelastung (30,5 kg), jedoch unterschiedlicher Haltezeit bei Spitzentemperatur. Das entsprechende Diagramm Abb. 22 läßt darüber hinaus erkennen, daß hier eine wesentliche Zunahme der Durchbiegung nur bis ca. 7,5 Stunden Haltezeit erfolgte.

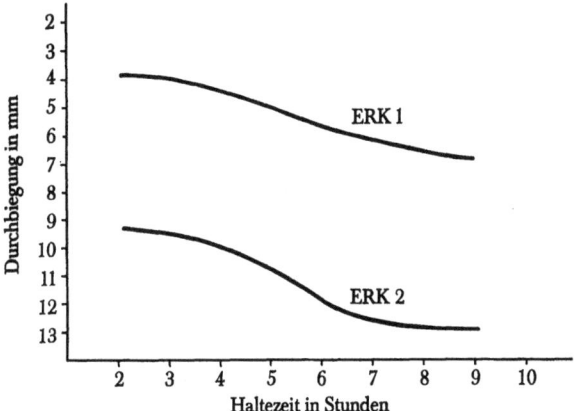

Abb. 22 Einfluß der Haltezeit unter Konstanthaltung von Temperatur (1190°C) und Auflast (30,5 kg) bei den Ziegeln ERK I (Vollziegel) und ERK II (Gitterlochung)

Das Ergebnis einer weiteren Studie zeigt Abb. 23 an NF-Ziegeln WER mit drei verschiedenen Spitzentemperaturen im Abstand von jeweils 10°C mit verschiedenen Auflasten, Haltezeit jeweils 4 Stunden. Man sieht hieran, wie stark relativ geringe Temperatursteigerungen im Garbrandbereich die Belastungsfähigkeit herabsetzen können und ist imstande, zu ermessen, welche Unterschiedlichkeit sich an den Ziegeln einstellen kann, wenn beim Brand im Industrieofen nur relativ geringe Temperaturdifferenzen im Garbrand vorliegen.

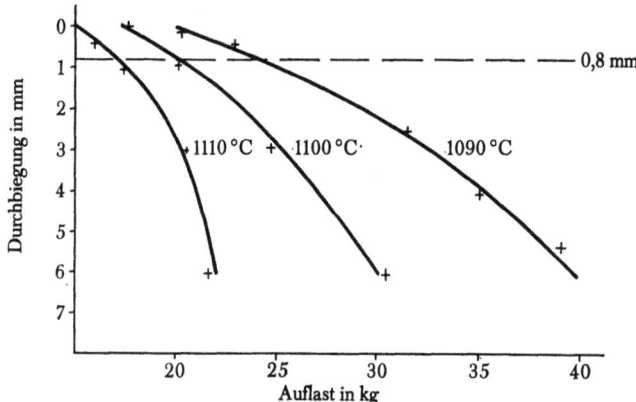

Abb. 23 Verlauf der zunehmenden Durchbiegung bei steigender Auflast im Falle variierter Spitzentemperatur beim Ziegel WER

Bei der gewählten Versuchsanordnung gemäß Abb. 20 war das ungünstigste Setzschema für die unteren Schichten im Brennstapel zugrunde gelegt worden, das durch den großen Abstand der Ziegel (180 mm) gekennzeichnet war. Wie stark der Einfluß des Abstandes in der untersten Setzschicht auf die zulässige Belastung wirkt, ergibt sich aus einer weiteren Versuchsreihe, ausgeführt an 1½-NF-Hochlochziegeln ME. Hier ist unter Konstanthaltung der Auflast von 60 kg die Stützweite von Brand zu Brand verringert worden. Wie aus Abb. 24 zu ersehen, ergibt sich in diesem Falle bei einer Stützweite von < 135 mm keine Durchbiegung mehr. Das beweist allerdings nicht, daß die gegebene Auflast bei diesem Auflageabstand noch zulässig war. Der auf dem Prüfziegel befindliche Stein, der die Last überträgt, überschreitet nämlich von hier an mit seiner Breite die Stützweite (Abb. 25). Damit aber ändert sich die Art der Belastung grundsätzlich. Wie bei diesen und auch anderen Versuchen festzustellen war, treten dort, wo die Voraussetzung zur Durchbiegung nicht gegeben ist, im Falle unzulässig hoher Belastung *Eindrücke* auf. Dies ist auch der Fall, wenn z. B. eine Setzweise gemäß Abb. 26 vorliegt. Allerdings konnte festgestellt werden, daß Eindrücke in der Regel eine höhere Belastung voraussetzen als Durchbiegungen bei großen Stützweiten.

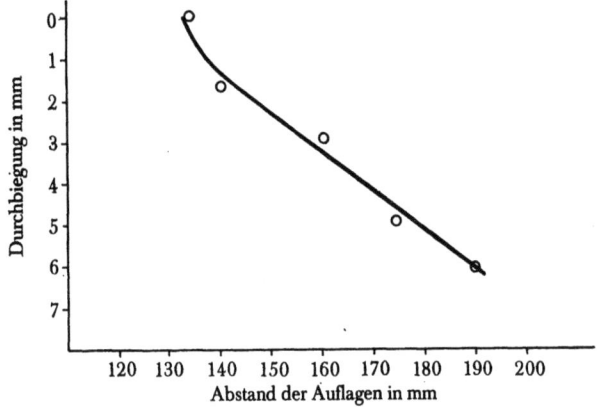

Abb. 24 Einfluß der Stützweite auf die Durchbiegung bei den 1½-NF-Hochlochziegeln ME

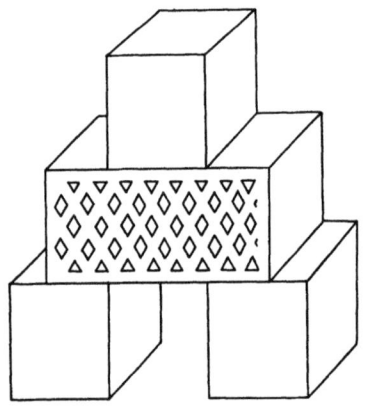

Abb. 25
Bei geringer Stützweite ist eine Durchbiegung u. U. nicht mehr möglich

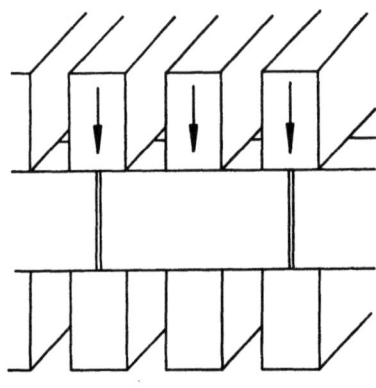

Abb. 26
Setzschema, bei dem nur Druckbeanspruchung vorliegt

In Fällen, in denen von vornherein eine Setzweise feststeht, die in den unteren Schichten eine Biegebeanspruchung ausschließt, ist eine Ermittlung der zulässigen Auflast durch einfache Veränderung der oben beschriebenen Versuchsanordnung möglich. Es genügt, den Prüfziegel statt auf Stützsteine auf eine waagerechte Unterlage zu setzen. Gemessen wird in diesem Fall die Eindrucktiefe des aufliegenden Schamottesteines. Als zulässig erscheint eine Eindrückung von 0,5 mm, Verblendware ausgenommen. Bei dieser sollten keinerlei Eindrucksmerkmale zu erkennen sein.

5.5 Berechnung der zulässigen Setzhöhe

Ist die zulässige Gewichtsbelastung für den einzelnen Ziegelformling in der beschriebenen Weise ermittelt, so ist damit der Ausgangswert für die Berechnung der zulässigen Setzhöhe gegeben.

Die Abb. 27 zeigt den Besatz eines Tunnelofens in Schubrichtung. Wie vielfach üblich, sind die Sohlziegel zur besseren Durchströmung des Stapelfußes mit größeren Abständen gesetzt als die übrigen Formlinge, wodurch die Überbrückungsziegel in erhöhtem Maße auf Durchbiegung beansprucht werden können.

Der im Bild mit Kreidestrichen gekennzeichnete Stapelausschnitt kann als Lasteinheit betrachtet werden, bei der drei hintereinander auf dem Sohlstein stehende

Abb. 27   Beispiel für den Besatz eines Tunnelofenwagens

Überbrückungsziegel das Gewicht des senkrecht darüber befindlichen Ziegelblockes tragen. Die Abb. 28 zeigt den Stapelausschnitt in zeichnerischer Darstellung deutlicher. Bei nachfolgender Berechnung sei der hier interessierende ungünstigste Belastungsfall angenommen, bei dem die mit Schraffur gekennzeichneten mittleren Ziegel infolge von Trocknungsungleichheiten kleiner sind, hierdurch locker im Verband sitzen und daher nicht an der Lastübertragung teilnehmen. Dadurch nimmt jeder der beiden äußeren auf Biegung beanspruchten Überbrückungsziegel (a und b) das halbe Gewicht des darauf lastenden Ziegelblockes auf, bis die Differenz durch Verformung der Überbrückungsziegel beseitigt ist. Zu berücksichtigen ist, daß generell die an den Seiten befindlichen Ziegel der mittleren Stapel eines Wagenbesatzes nur zur Hälfte Bestandteil des auflastenden Blockes sind und daher nur mit 50% ihres Gewichtes in die Belastung eingerechnet werden können; im übrigen sind sie Bestandteil des angrenzenden Besatzes. Des weiteren bleibt der in Schicht 3 schraffiert gezeichnete Ziegel in der Berechnung unberücksichtigt, da seine Position in jedem Fall eine Beteiligung an der Biegebelastung der Überbrückungsziegel ausschließt.

Bei einem Ziegelgewicht von 3,5 kg (NF-Vollziegel) ergeben sich nun die in Tab. 8 und bei einem solchen von 2,8 kg (NF-Hochlochziegel) die in Tab. 9 wiedergegebenen Gewichte und Belastungen.

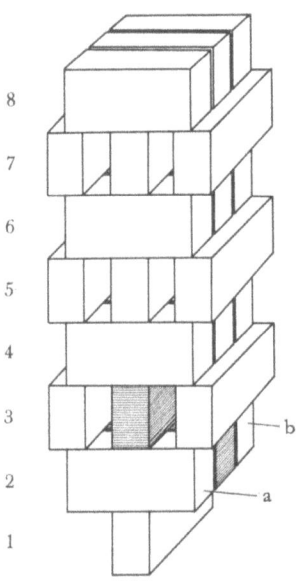

Abb. 28   Setzstapelausschnitt mit ungünstigem Belastungsfall bei NF-Ziegeln

Tab. 8 Gewichte und Belastungen im Stapel bei NF-Vollziegeln
(ERK I und WER)

Schicht Nr.	Schichtgewicht [kg]	Auflaufende Last für Schicht Nr. 2 [kg]	Auflaufende Last für Ziegel a bzw. b [kg]
3	3,5	3,5	1,75
4	10,5	14,0	7,00
5	7,0	21,0	10,50
6	10,5	31,5	15,75
7	7,0	38,5	19,25
8	10,5	49,0	24,50
9	7,0	56,0	28,00
10	10,5	66,5	33,25

Tab. 9 Gewichte und Belastungen im Stapel bei NF-Hochlochziegeln
(ERK II)

Schicht Nr.	Schichtgewicht [kg]	Auflaufende Last für Schicht Nr. 2 [kg]	Auflaufende Last für Ziegel a bzw. b [kg]
3	2,8	2,8	1,4
4	8,4	11,2	5,6
5	5,6	16,8	8,4
6	8,4	25,2	12,6
7	5,6	30,8	15,4
8	8,4	39,2	19,6
9	5,6	44,8	22,4
10	8,4	53,2	26,6

Bei einem Ziegelgewicht von 4,5 kg (1½-NF-Gitterziegel) ergeben sich die Gewichts- und Belastungswerte wie in Tab. 10 wiedergegeben. In diesem Fall liegt die in Abb. 29 dargestellte Setzweise für den Setzstapelausschnitt zugrunde. Sie läßt erkennen, daß größere Formate den Biegeeinfluß vermindern und damit größere Setzhöhen gestatten.

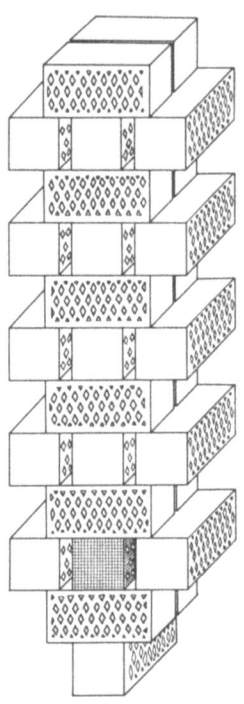

Abb. 29 Setzstapelausschnitt mit ungünstigem Belastungsfall bei 1½-NF-Hochlochziegeln

Tab. 10 Gewichte und Belastungen im Stapel bei 1½-NF-Hochlochziegeln (ME)

Schicht Nr.	Schichtgewicht [kg]	Auflaufende Last für Schicht Nr. 2 [kg]	Auflaufende Last für Ziegel a bzw. b [kg]
3	4,5	4,5	2,25
4	9,0	13,5	6,75
5	9,0	22,5	11,25
6	9,0	31,5	15,75
7	9,0	40,5	20,25
8	9,0	49,5	24,75
9	9,0	58,5	29,25
10	9,0	67,5	33,75
11	9,0	76,5	38,25
12	9,0	85,5	42,75
13	9,0	94,5	47,25
14	9,0	103,5	51,75

Bei den gemäß Kapitel 5.4 geprüften Ziegeln hatten sich ausweislich der Kurven in Abb. 21 unter der Voraussetzung der genannten Sintergande die in Tab. 11 aufgeführten Werte für die zulässige Auflast ergeben.

Tab. 11 Zulässige Auflasten der Prüfziegel

Ziegelart	Zulässige Auflast für Durchbiegung [kg]
ERK I (NF-Vollziegel)	21,6
ERK II (NF-Hochlochziegel)	18,2
WER (NF-Vollziegel)	20,3
ME (1½-NF-Hochlochziegel)	42,8

Danach wären also für die im Rahmen der vorliegenden Arbeit geprüften Ziegel die in Tab. 12 wiedergegebenen Schichtzahlen bzw. Setzhöhen im Tunnelofen anwendbar.

Tab. 12 Zulässige Schichtzahlen und Setzhöhen für die Prüfziegel

Ziegelart	Rohlings- höhe mm	Zulässige Anzahl der Setzschichten	Zulässige Setzhöhe [cm]
ERK I	119,2	7	83,4
ERK II	119,2	7½	90,8
WER	121,1	7	84,8
ME	119,8	12	143,8

Es darf angemerkt werden, daß im Falle der Ziegelart WER der für die zulässige Setzhöhe ermittelte Wert durch Beobachtungen in der Praxis bereits bestätigt wurde.

Mit vorstehenden Beispielen ist ein Weg zur Bestimmung der zulässigen Setzhöhe gewiesen. Diese ist also ausschlaggebend von der Setzweise und der Maßeinheitlichkeit der Formlinge abhängig. Die Beispiele beziehen sich, wie gesagt, auf den ungünstigsten, aber in der Praxis möglichen Fall der Lastübertragung. Sollten Fälle auftreten, in denen eine günstigere Gewichtsbelastung von vornherein sichergestellt ist, so besteht naturgemäß die Möglichkeit, bei entsprechender Änderung der Versuchsanordnung die Berechnung der zulässigen Setzhöhe nach dem gleichen Verfahren vorzunehmen.

6. Zusammenfassung

Je höher der Sintergrad eines Ziegels, desto höher liegen Kaltdruckfestigkeit und meist auch Frostbeständigkeit und desto geringer ist die Ausblühneigung. Man ist daher im allgemeinen bestrebt, den Ziegel beim Brennen bis an die Grenze der beginnenden Deformation heranzuführen. Hierbei ergeben sich Schwierigkeiten aus dem bei Ziegelrohstoffen vorwiegend schmalen Sinterintervall sowie aus dem Umstand, daß die Gewichtsbelastung bei der üblichen Stapelbrennweise die Standfestigkeit der Ziegel im Garbrandtemperaturbereich herabsetzt.
Es wurde untersucht, ob man das Sinterintervall durch Zusätze bestimmter Mineralien oder Industrieabfälle verbreitern kann und nach welchem Verfahren die für einen deformationsfreien Brand zulässige Stapelhöhe, die das Höhenmaß des Brennkanals von Tunnelöfen bestimmt, im voraus zu ermitteln ist.
Anknüpfend an Untersuchungen von EVERHART in der Ohio State University wurden zur Verbreiterung des Sinterintervalls neben einem feuerfesten Ton als Zusatzstoffe Tuff, Talk, Lepidolith, Nephelin-Syenit, Dolomit, Flugaschegranulat, Rennschlacke, Phosphorschlacke und großtechnisch gefälltes Calciumcarbonat zur Erprobung herangezogen.
Zur Begrenzung des Untersuchungsumfanges wurde das Grundmaterial auf einen Schieferton mit nicht sonderlich breitem Sinterintervall, wie er in nordrheinwestfälischen Ziegeleien häufig zur Verarbeitung kommt, beschränkt. Wegen der Bedeutung der Gewichtsbelastung für den praktischen Ziegelbrand erfolgte das Brennen der Prüfkörper mit einer Auflast von 1 kg/cm^2.
Die meisten der zur Erprobung herangezogenen Zusatzstoffe erwiesen sich für den gedachten Zweck als nicht brauchbar, so daß schließlich nur Zusätze mit Phosphorschlacke und großtechnisch gefälltem Calciumcarbonat interessant waren. Hiermit ließ sich die günstige Wirkung von feuerfestem Ton auf die Verbreiterung des Sinterintervalls zwar nicht erreichen, doch waren immerhin Teilwirkungen zu erzielen.
Anschlußuntersuchungen ergaben jedoch, daß eine Erhöhung der Feuerstandfestigkeit des Ziegelmaterials – auch bei Zusatz von feuerfestem Ton – zu einer gewissen Verminderung der Kaltdruckfestigkeit und – außer bei Verwendung des feuerfesten Tones – zu einer Erhöhung der Wasseraufnahmefähigkeit führt.
Eine weitere Untersuchung mit verschiedenen Rohmaterialien, die den Einfluß der Brennatmosphäre zu erkennen geben sollte, zeigte, daß reduzierende Atmosphäre das Sinterintervall von Ziegelrohstoffen beträchtlich zu verkürzen vermag.
Bei den Versuchen zur Bestimmung der zulässigen Gewichtsbelastung der Ziegel beim Brand wurde davon ausgegangen, daß hierfür nur Ziegel in *Originalform und -größe* als Prüfkörper sinnvoll sein können. Auch war es in Anbetracht des

Temperatur–Zeit-Einflusses auf den Sintervorgang erforderlich, die Körper nach der betrieblichen Temperaturkurve zu brennen.

Zur Bestimmung der zulässigen Stapelhöhe erschien es zweckmäßig, bei der Prüfanordnung den ungünstigsten Belastungsfall für die unteren Lagen anzunehmen. Als Kriterium wurde das Ausmaß der Durchbiegung des Prüfziegels gewertet und 0,8 mm Durchbiegung als Grenze des Zulässigen zugrunde gelegt.

Die bei den verschiedenen Versuchen erhaltenen Maße der Durchbiegung ergaben für jede der zur Prüfung herangezogenen 4 Ziegelarten im Koordinatensystem den »Verlauf der zunehmenden Durchbiegung bei steigender Auflast« und damit die Möglichkeit, abzulesen, bei welcher Auflast jede Ziegelart die zulässige Durchbiegung von 0,8 mm erreicht. Damit war der entscheidende Ausgangswert für die Berechnung der zulässigen Setzhöhe gegeben. An einigen Beispielen ist diese Berechnung erläutert. Für Fälle, in denen eine günstigere Belastung von vornherein sichergestellt ist, werden Hinweise auf ein entsprechend abgeändertes Ermittlungsverfahren gegeben.

Wo an Stelle einer Durchbiegung nur eine Druckbelastung wirksam wird, z. B. auf Grund geringer Stützweite, ergeben sich – allerdings erst bei etwas höherer Belastung – Eindrücke. Zulässig erscheint eine Eindrucktiefe von 0,5 mm, außer bei Verblendware, die frei von Druckmerkmalen sein sollte.

Im übrigen lassen sich aus den Versuchen folgende Schlüsse ziehen:

Durch Druckbelastung kann der Brennschwindungsvorgang eines Ziegelrohstoffes wesentlich beschleunigt werden, und schließlich kann an Stelle einer blähenden Wiederausdehnung eine verstärkte Abschwindung eintreten. Bereits durch relativ geringe Temperatursteigerung im Garbrandtemperaturbereich ist eine beträchtliche Verminderung der Belastungsfähigkeit möglich.

Wird statt dessen eine längere Haltezeit eingelegt, so geht die Belastbarkeit ebenfalls zurück, jedoch wesentlich allmählicher. Gelochte Mauerziegel sind weniger belastbar als ungelochte gleichen Formates. Breite Formate sind höher zu belasten. Von ausschlaggebender Bedeutung ist die Lastübertragung im Brennstapel und damit einerseits die Maßeinheitlichkeit der Formlinge, andererseits die Setzweise.

In bezug auf die Erhöhung der Feuerstandfestigkeit gibt diese Arbeit Hinweise auf das Vorgehen vor allem in kritischen Fällen. Da die gewonnenen Erkenntnisse jedoch zum Teil an das gewählte Grundmaterial gebunden sind, sollte man sie durch Versuche mit weiteren Ziegelrohstoffen auf eine breitere Basis stellen.

Das Verfahren zur Bestimmung der zulässigen Gewichtsbelastung der Ziegel beim Brand, das eine Vorausbestimmung der zulässigen Setzhöhe gestattet, stellt eine Ergänzung zu anderen Arbeiten dar, die zum Ziel haben, Berechnungsgrundlagen für den Bau von Brennöfen zu schaffen. Die Anwendbarkeit ist jedoch zunächst auf die Prüfung von Körpern mit geraden Auflageflächen wie Mauerziegeln, Deckenziegeln und Bodenplatten begrenzt. Es muß Aufgabe der Zukunft bleiben, auch Möglichkeiten zur Bestimmung der zulässigen Gewichtsbelastung für Drainrohre und die verschiedenen Dachziegelmodelle zu finden, wobei man vom hier beschriebenen Verfahren ausgehen könnte.

Die Finanzierung der Forschungsarbeit erfolgte durch das Land Nordrhein-Westfalen und den Fachverband Ziegelindustrie Nordrhein-Westfalen. Beiden Stellen, wie auch dem Institutsleiter, Herrn Dipl.-Ing. PELS LEUSDEN, der die Arbeit durch Anregungen und organisatorische Hilfe maßgeblich unterstützte, sei an dieser Stelle gedankt.

G. PILTZ

7. Literaturverzeichnis

[1] Dietzel, A., und H. Knauer, Das Erweichungsverhalten keramischer Stoffe mit verschiedener Vorbrenntemperatur. Ber. DKG 32 (1955), Heft 10, S. 285–287.
[2] Lipinski, F., Das keramische Laboratorium. Wilh. Knapp Verlag, Düsseldorf, Band I, S. 50–52.
[3] Bergmann, K., Über das Trocknen und Brennen kalkreicher Tone. ZI 7 (1954), Heft 24, S. 1056–1059.
[4] Stegmüller, L., Beziehungen zwischen Mineralbestand und technologischen Eigenschaften der Lehme. ZI 9 (1956), Heft 3, S. 78–82.
[5] Scholl, F., Versuche zur Verbesserung der Feuerstandfestigkeit eines Dachziegelrohstoffes. ZI 14 (1961), Heft 6, S. 163–172.
[6] Wilson, R.C., und C.J. Koenig, Use of Nephelin Syenite Tailings in Sewer-Pipe Bodies. Journal of the American Ceramik Society 41 (1958), Heft 1, S. 33–39.
[7] Everhart, J.O., Use of Axiliary Fluxes to Improve Structural Clay Bodies. The British Clayworker 67 (1958), Nr. 782, S. 394–497.
[8] Freemann, I.L., Firing-Shrinkage Charakteristics of some Brick Clays. Transactions of the British Ceramic Society, Juni 1958, S. 316–399.
[9] Schwiete, H.E., und H. Klein, Über das Verformungsverhalten feuerfester Materialien bei hohen statischen, schwingenden und thermischen Beanspruchungen. Ber. DKG 41 (1964), Heft 5, S. 315–322.
[10] Schwiete, H.E., und C. Metzger, Methoden zur Untersuchung des Fließverhaltens von feuerfesten Baustoffen bei hohen Temperaturen. Forsch.-Ber. des Landes Nordrhein-Westfalen Nr. 1336, Westdeutscher Verlag, Köln und Opladen 1964.
[11] Salmang, H., Die Keramik. 4. Auflage, Springer-Verlag, Berlin–Göttingen–Heidelberg 1958, S. 200 und 132.
[12] Piltz, G., Die Bedeutung der Dilatometerkurve für den Ziegelbrand. Ziegeleitechnisches Jahrbuch 1959, S. 191–207.
[13] Piltz, G., Über die rohstoffgerechte Planung von Tunnelöfen. ZI 14 (1961), Nr. 9, S. 279 ff.

FORSCHUNGSBERICHTE
DES LANDES NORDRHEIN-WESTFALEN

Herausgegeben im Auftrage des Ministerpräsidenten Dr. Franz Meyers
vom Landesamt für Forschung, Düsseldorf

BAU · STEINE · ERDEN

HEFT 36
Forschungsinstitut der Feuerfest-Industrie, Bonn
Untersuchungen über die Trocknung von Rohton.
Untersuchungen über die chemische Reinigung von Silikat- und Schamotte-Rohstoffen mit chlorhaltigen Gasen
1953. 51 Seiten, 5 Abb., 5 Tabellen. DM 11,—

HEFT 37
Forschungsinstitut der Feuerfest-Industrie, Bonn
Untersuchungen über den Einfluß der Probenvorbereitung auf die Kaltdruckfestigkeit feuerfester Steine. Untersuchungen über die Abnutzung von Strangpressen-Messern bei der Verarbeitung plastischer Schamotte-Massen
1953. 33 Seiten, 2 Abb., 5 Tabellen. DM 7,80

HEFT 59
Forschungsinstitut der Feuerfest-Industrie, Bonn
Ein Schnellanalysenverfahren zur Bestimmung von Aluminiumoxid, Eisenoxid und Titanoxid in feuerfestem Material mittels organischer Farbreagenzien auf photometrischem Wege.
Untersuchungen des Alkali-Gehaltes feuerfester Stoffe mit dem Flammenphotometer nach Riehm-Lange
1954. 52 Seiten, 12 Abb., 3 Tabellen. Vergriffen

HEFT 76
Max-Planck-Institut für Arbeitsphysiologie, Dortmund
Arbeitstechnische und arbeitsphysiologische Rationalisierung von Mauersteinen
1954. 41 Seiten, 12 Abb., 3 Tabellen. DM 10,20

HEFT 81
Prüf- und Forschungsinstitut für Ziegeleierzeugnisse, Essen-Kray
Die Einführung des großformatigen Einheits-Gitterziegels im Lande Nordrhein-Westfalen
1954. 54 Seiten, 2 Abb., 2 Tabellen, 7 Seiten Anhang. DM 10,—

HEFT 90
Forschungsinstitut der Feuerfest-Industrie, Bonn
Das Verhalten von Silikatsteinen im Siemens-Martin-Ofengewölbe
1954. 49 Seiten, 15 Abb., 11 Tabellen. DM 11,90

HEFT 91
Forschungsinstitut der Feuerfest-Industrie, Bonn
Untersuchungen des Zusammenhangs zwischen Leistung und Kohlenverbrauch von Kammer-Öfen zum Brennen von feuerfesten Materialien
1954. 29 Seiten, 6 Abb. DM 8,30

HEFT 106
Oberregierungsrat Dr.-Ing. W. Küch, Dortmund
Untersuchungen über die Einwirkung von feuchtigkeitsgesättigter Luft auf die Festigkeit von Leimverbindungen
1954. 64 Seiten, 10 Abb., 6 Tabellen. DM 11,40

HEFT 111
Fachverband Steinzeugindustrie, Köln
Die Entwicklung eines Gerätes zur Beschickung seitlicher Feuer von Steinzeug-Einzelkammeröfen mit festen Brennstoffen
1955. 31 Seiten, 16 Abb. DM 9,40

HEFT 127
Güteschutz Betonstein e. V.,
Arbeitskreis Nordrhein-Westfalen, Dortmund
Die Betonwaren-Gütesicherung im Lande Nordrhein-Westfalen
1954. 44 Seiten, 15 Abb., 3 Tabellen. DM 11,50

HEFT 142
Dipl.-Ing. G. M. F. Wiebel, Hannover,
A. Konermann und A. Ottenheym, Sennelager
Entwicklung eines Kalksandleichtsteines
1955. 21 Seiten, 4 Abb. DM 8,—

HEFT 149
Dr.-Ing. Kamillo Konopicky und
Dipl.-Chem. P. Kampa, Bonn
I. Beitrag zur flammenphotometrischen Bestimmung des Calciums
Dr.-Ing. Kamillo Konopicky, Bonn
II. Die Wanderung von Schlackenbestandteilen in feuerfesten Baustoffen
1955. 37 Seiten, 10 Abb., 5 Tabellen. DM 11,—

HEFT 180
Dr.-Ing. Werner Piepenburg,
Dipl.-Ing. Bodo Bühling und Bau-Ing. Johannes Behnke, Köln
Putzarbeiten im Hochbau und Versuche mit aktiviertem Mörtel und mechanischem Mörtelauftrag
1955. 103 Seiten, 31 Abb., 68 Tabellen. DM 23,—

HEFT 213
Dipl.-Ing. K. F. Rittinghaus, Institut für elektrische Nachrichtentechnik der Rhein.-Westf. Technischen Hochschule Aachen
Zusammenstellung eines Meßwagens für Bau- und Raumakustik
1957. 87 Seiten, 17 Abb., 7 Tabellen. DM 19,80

HEFT 223
Dr.-Ing. Kurt Alberti und
Dr. phil. habil. Franz Schwarz, Forschungslaboratorium des Bundesverbandes der Deutschen Kalkindustrie e. V., Köln
Über das Problem Hartbrand-Weichbrand
1956. 43 Seiten, 25 Abb., 14 Tabellen. DM 12,10

HEFT 231
Oberregierungsrat Dr.-Ing. W. Küch, Deutsche Gesellschaft für Holzforschung e. V., Stuttgart
Über die Wechselwirkung zwischen Holzschutzbehandlung und Verleimung
1956. 38 Seiten, 10 Abb., 8 Tabellen. DM 10,40

HEFT 250
Dozent Dr. phil. habil. Franz Schwarz und
Dr.-Ing. Kurt Alberti, Forschungslaboratorium des Bundesverbandes der Deutschen Kalkindustrie e. V., Köln
Entwicklung von Untersuchungsverfahren zur Gütebeurteilung von Industriekalken
1956. 23 Seiten, 9 Abb., 4 Tabellen. DM 16,50

HEFT 266
Fliesen-Beratungsstelle Bad Godesberg-Mehlem
Güteeigenschaften keramischer Wand- und Bodenfliesen und deren Prüfmethoden
1956. 21 Seiten. DM 7,10

HEFT 319
Prof. Dr. phil. Carl Kröger, Institut für Brennstoffchemie der Rhein.-Westf. Technischen Hochschule Aachen
Gemengereaktionen und Glasschmelze
1956. 109 Seiten, 53 Abb., 16 Tabellen. DM 26,—

HEFT 370
Dozent Dr. phil. habil. Franz Schwarz, Köln
Physikochemische Grundlagen der Bildsamkeit von Kalken unter Einbeziehung des Begriffes der aktiven Oberfläche
1958. 90 Seiten, 14 Abb., 16 Tabellen, 36 Titrationen. DM 25,10

HEFT 398
Prof. Dr. phil. nat. habil. Hans-Ernst Schwiete und
Dipl.-Ing. Günter Geisdorf, Aachen
Einlagerungsversuche an synthetischem Mullit Teil I
Prof. Dr. phil. nat. habil. Hans-Ernst Schwiete,
Master of Science Arun Kumar Bose und
Dr. phil. Hermann Müller-Hesse, Aachen
Die Zusammensetzung der Schmelzphase in Schamottesteinen Teil I
1957. 45 Seiten, 17 Abb., 17 Tabellen. DM 14,50

HEFT 399
Prof. Dr. phil. nat. habil. Hans-Ernst Schwiete und
Dr.-Ing. Reinhard Vinkeloe, Aachen
Möglichkeiten der quantitativen Mineralanalyse mit dem Zählrohrgerät unter besonderer Berücksichtigung der Mineralgehaltsbestimmung von Tonen
1958. 88 Seiten, 34 Abb., 1 Tabelle. DM 26,70

HEFT 402
Prof. Dr. Werner Linke, Aachen
Die Wärmeübertragung durch Thermopane-Fenster
1958. 29 Seiten, 17 Abb., 2 Tabellen. DM 10,80

HEFT 430
Prof. Dr. Georg Garbotz und Dr.-Ing. Gerhard Dress, Institut für Baumaschinen und Bauarbeiten der Rhein.-Westf. Technischen Hochschule Aachen
Untersuchungen über das Kräftespiel an Flachbagger-Schneidwerkzeugen in Mittelsand und schwach bindigem, sandigem Schluff unter besonderer Berücksichtigung der Planierschilde und ebenen Schürfkübelschneiden
1958. 142 Seiten, 81 Abb. DM 37,50

HEFT 453
Forschungsinstitut der Feuerfest-Industrie, Bonn
Die Arbeiten der technisch-wissenschaftlichen Kommission der PRE (Vereinigung der europäischen Feuerfest-Industrie)
1957. 50 Seiten, 2 Abb., 18 Tabellen. DM 14,75

HEFT 454
Dr.-Ing. Werner Piepenburg, Dipl.-Ing. Bodo Bühling und Bau-Ing. Johannes Behnke, Forschungslaboratorium des Bundesverbandes der Deutschen Kalkindustrie e. V., Köln
Haftfestigkeit der Putzmörtel
1958. 115 Seiten, 6 Abb., 63 Tabellen. DM 28,30

HEFT 482
*Dipl.-Ing. Rudolf Pels-Leusden und
Dr. Karl Bergmann, Prüf-Forschungsinstitut für Ziegelerzeugnisse e. V., Essen-Kray*
Die Frostbeständigkeit von Ziegeln; Einflüsse der Materialzusammensetzung und des Brandes
1958. 70 Seiten, 31 Abb., 5 Tabellen. DM 20,45

HEFT 484
*Prof. Dr. phil. nat. habil. Hans-Ernst Schwiete und
Dr. Gisela Franzen, Institut für Gesteinshüttenkunde der Rhein.-Westf. Technischen Hochschule Aachen*
Beitrag zur Struktur des Montmorillonit
1958. 74 Seiten, 23 Abb. DM 22,—

HEFT 488
*Prof. Dr. phil. nat. habil. Hans-Ernst Schwiete und
Dipl.-Chem. Heribert Westmark, Institut für Gesteinshüttenkunde der Rhein.-Westf. Technischen Hochschule Aachen*
Beitrag zur Kennzeichnung der Texturen von Schamottesteinen
1958. 48 Seiten, 32 Abb., 7 Tabellen. DM 16,80

HEFT 528
Dipl.-Chem. Dr. Paul Ney, Forschungslaboratorium des Bundesverbandes der Deutschen Kalkindustrie e. V., Köln
Physikochemische Grundlagen der Bildsamkeit von Kalken unter Einbeziehung des Begriffs der aktiven Oberfläche
1958. 80 Seiten, 30 Abb., 6 Tabellen. DM 26,75

HEFT 543
*Prof. Dr. phil. nat. habil. Hans-Ernst Schwiete,
Dr. phil. Hermann Müller-Hesse und
Dipl.-Ing. Günter Gelsdorf, Institut für Gesteinshüttenkunde der Rhein.-Westf. Technischen Hochschule Aachen*
Einlagerungsversuche an synthetischem Mullit Teil II
1958. 28 Seiten, 5 Abb., 10 Tabellen. DM 10,—

HEFT 544
*Prof. Dr. phil. nat. habil. Hans-Ernst Schwiete,
Dr.-Ing. Arun Kumar Bose und
Dr. phil. Hermann Müller-Hesse, Institut für Gesteinshüttenkunde der Rhein.-Westf. Technischen Hochschule Aachen*
Die Schmelzphase in Schamottesteinen. Teil II
1958. 30 Seiten, 9 Abb., 12 Tabellen. DM 11,—

HEFT 545
*Prof. Dr. phil. nat. habil. Hans-Ernst Schwiete,
Dr. rer. nat. Günther Ziegler und
Dipl.-Ing. Christoph Kliesch, Institut für Gesteinshüttenkunde der Rhein.-Westf. Technischen Hochschule Aachen*
Thermochemische Untersuchungen über die Dehydration des Montmorillonits
1958. 48 Seiten, 16 Abb., 4 Tabellen. DM 15,40

HEFT 553
*Prof. Dr. Georg Garbotz und
Dipl.-Ing. Josef Theiner, Institut für Gesteinshüttenkunde der Rhein.-Westf. Technischen Hochschule Aachen*
Untersuchungen der statischen Walzverdichtungsvorgänge mit Glattwalzen und Vergleiche mit Ergebnissen aus Versuchen mit dynamischen Verdichtungsgeräten
1959. 286 Seiten, 208 Abb. DM 58,—

HEFT 559
*Prof. Dr. phil. nat. habil. Hans-Ernst Schwiete und
Dipl.-Chem. Rainer Gauglitz, Institut für Gesteinshüttenkunde der Rhein.-Westf. Technischen Hochschule Aachen*
Die Verflüssigung von Montmorillonitschlämmen
1958. 65 Seiten, 15 Abb., 5 Tabellen. DM 19,30

HEFT 634
Prüf- und Forschungsinstitut für Ziegeleierzeugnisse e. V., Essen-Kray
Verminderung der Streuungen der Masse, der Festigkeit und der Sprödigkeit von Ziegeln
1958. 93 Seiten, 36 Abb., 18 Tabellen. DM 24,30

HEFT 643
Max-Planck-Institut für Silikatforschung, Würzburg
Anisotropiemessungen an Schleifkörpern
1958. 38 Seiten, 22 Abb. DM 11,70

HEFT 651
Dr.-Ing. Albrecht Eisenberg, Staatliches Materialprüfungsamt Nordrhein-Westfalen Dortmund
Versuche zur Körperschalldämmung in Gebäuden
1958. 26 Seiten, 20 Abb. DM 8,10

HEFT 688
*Prof. Dr. phil. nat. habil. Hans-Ernst Schwiete und
Dipl.-Ing. Arnulf Schüffler, Institut für Gesteinshüttenkunde der Rhein.-Westf. Technischen Hochschule Aachen*
Entwicklung einer elektrisch beheizten Apparatur zur Messung von Wärmeleitfähigkeiten feuerfester Materialien bei hohen Temperaturen
1959. 41 Seiten, 16 Abb. DM 11,60

HEFT 689
*Prof. Dr. phil. nat. habil. Hans-Ernst Schwiete und
Dipl.-Chem. Heribert Westmark, Institut für Gesteinshüttenkunde der Rhein.-Westf. Technischen Hochschule Aachen*
Die Wärmeleitfähigkeit feuerfester Steine im Spiegel der Literatur
1949. 54 Seiten, 35 Abb. DM 16,30

HEFT 695
Dr.-Ing. Walter Herding, München
Die Fahrdynamik und das Arbeitsspiel gleisloser Erdbaugeräte als Kalkulationsgrundlage für die Bodenförderung und ihre Kosten
1960. 178 Seiten, 89 Abb., 18 Tabellen. DM 49,—

HEFT 711
Dr.-Ing. Kurt Alberti, Forschungslaboratorium des Bundesverbandes der Deutschen Kalkindustrie e. V., Köln
Einfluß der chemischen Zusammensetzung des Anmachewassers auf die Festigkeit von Kalkmörteln
1959. 50 Seiten, 4 Abb., 20 Tabellen. DM 13,10

HEFT 713
Dr.-Ing. Ernst Menzenbach, Institut für Verkehrswasserbau, Grundbau und Bodenmechanik der Rhein.-Westf. Technischen Hochschule Aachen
Die Anwendbarkeit von Sonden zur Prüfung der Festigkeitseigenschaften des Baugrundes
1959. 215 Seiten, 190 Abb., 24 Tabellen. Vergriffen

HEFT 734
Institut für Bauforschung e. V., Hannover
Arbeitstechnische und arbeitsphysiologische Untersuchungen zur Erleichterung der Maurerarbeit
1959. 55 Seiten, 15 Abb., 7 Anlagen, 20 Tabellen. DM 15,60

HEFT 843
Dipl.-Chem. Wolfgang Schmidt, Dipl.-Chem. Emil Köhler und Dipl.-Ing. Wilhelm Schmidt, Forschungsinstitut der Feuerfest-Industrie, Bonn
Flammenspektrometrische Alkalibestimmung im Korund
1960. 13 Seiten, 2 Abb., 1 Tabelle. DM 5,50

HEFT 844
Prof. Dr.-Ing. Otto Kienzle und Dipl.-Ing. Klaus Greiner, Hannoversches Forschungsinstitut für Fertigungsfragen e. V., Technische Hochschule Hannover
Festigkeitsuntersuchungen an Klebverbindungen zwischen Schleif- und Tragkörpern
1960. 125 Seiten, 48 Abb., 10 Tabellen, 20 Anlagen. DM 35,—

HEFT 859
Prof. Dr. phil. nat. habil. Hans-Ernst Schwiete und Dr.-Ing. Rolf Baur, Aachen
Hydrothermalsynthese und Strukturuntersuchung an synthetischem Montmorillonit
1960. 104 Seiten, 44 Abb., 29 Tabellen. DM 28,70

HEFT 903
Prof. Dr.-Ing. Bernhard Renfert †, Baurat Dipl.-Ing. Karl Heisig und Dipl.-Ing. Josef Thelen, Lehrstuhl für Straßenbau, Erd- und Tunnelbau der Rhein.-Westf. Technischen Hochschule Aachen
Untersuchungen über Bodenverfestigung des Untergrunds zur Feststellung der technischen und wirtschaftlichen Auswirkungen auf den Unterbau bzw. auf die Straßenbetonfahrbahnplatten sowie Untersuchungen flexibler Deckenkonstruktionen auf verschiedenen Unterbauarten
1960. 136 Seiten, 62 Abb., 15 Anlagen, 10 Tabellen. DM 39,10

HEFT 910
Prof. Dr.-Ing. habil. Kurt Walz, Forschungsinstitut der Zementindustrie, Düsseldorf
Der Einfluß einer Wärmebehandlung auf die Festigkeit von Beton aus verschiedenen Zementen
1960. 39 Seiten, 17 Abb., 5 Tabellen. DM 12,60

HEFT 921
Dr.-Ing. Kamillo Konopicky und cand. phys. Karl Wohlleben, Forschungsinstitut der Feuerfest-Industrie, Bonn
Untersuchungen zum Gang des Torsionsmoduls mit der Temperatur an Wannensteinen
1960. 23 Seiten, 10 Abb., 4 Tabellen. DM 8,40

HEFT 948
Prof. Dr. phil. nat. habil. Hans-Ernst Schwiete und Dipl.-Ing. Udo Ludwig, Institut für Gesteinshüttenkunde der Rhein.-Westf. Technischen Hochschule Aachen
Der Tuff, seine Entstehung und Konstitution und seine Verwendung im Baugewerbe im Spiegel der Literatur
1961. 68 Seiten, 8 Abb., 20 Tabellen. DM 18,80

HEFT 956
Prof. Dr. phil. nat. habil. Hans-Ernst Schwiete, Dipl.-Ing. Udo Ludwig und Dipl.-Ing. Karl-Heinz Wigger, Institut für Gesteinshüttenkunde der Rhein.-Westf. Technischen Hochschule Aachen
Die Konstitution einiger rheinischer und bayrischer Trasse
1961. 44 Seiten, 17 Abb., 14 Tabellen. DM 13,40

HEFT 977
Dr.-Ing. Gottfried Kronenberger, Institut für Baumaschinen und Baubetrieb der Rhein.-Westf. Technischen Hochschule Aachen
Untersuchungen über die Verdichtungswirkung und das Arbeitsverhalten eines Einmassenrüttlers auf Schotter und Kiessand zur Ermittlung der maßgeblichen Einflußgrößen bei der Rüttelverdichtung
1961. 96 Seiten, 36 Abb., 17 Tafeln, 7 Tabellen. DM 27,70

HEFT 978
Prof. Dr. phil. nat. habil. Hans-Ernst Schwiete und Dipl.-Ing. Udo Ludwig, Institut für Gesteinshüttenkunde der Rhein.-Westf. Technischen Hochschule Aachen
Das Verhalten von rheinischem und bayrischem Trass in hydraulischen Bindemitteln
1961. 82 Seiten, 27 Abb., 25 Tabellen. DM 24,70

HEFT 979
Prof. Dr. phil. nat. habil. Hans-Ernst Schwiete und Dipl.-Ing. Udo Ludwig, Institut für Gesteinshüttenkunde der Rhein.-Westf. Technischen Hochschule Aachen
Die Bindung des freien Kalkes und die bei den Trass-Kalk-Reaktionen entstehenden Neubildungen
1961. 59 Seiten, 18 Abb., 13 Tabellen. DM 18,—

HEFT 995
*Prof. Dr.-Ing. Hermann Reiher und
Dr. phil. Dietrich von Soden, Institut für technische
Physik der Fraunhofer-Gesellschaft, Stuttgart*
Einfluß von Erschütterungen auf Gebäude
1961. 45 Seiten, 11 Abb. Vergriffen

HEFT 998
*Prof. Dr. phil. nat. habil. Hans-Ernst Schwiete,
Dr. phil. Hermann Müller-Hesse und
Dipl.-Chem. John Egon Planz, Institut für Gesteinshüttenkunde der Rhein.-Westf. Technischen Hochschule Aachen*
Untersuchungen über Festkörperreaktionen im System BaO—Al$_2$O$_3$—SiO$_2$ mit Hilfe der Infrarot-Spektroskopie
1961. 169 Seiten, 82 Abb., 32 Tabellen. DM 49,—

HEFT 1005
Prof. Dr.-Ing. habil. Kurt Walz, Dr.-Ing. Justus Bonzel, Forschungsinstitut der Zementindustrie, Düsseldorf
Festigkeitsentwicklung verschiedener Zemente bei niederer Temperatur
1961. 42 Seiten, 25 Abb., 7 Tabellen. DM 15,10

HEFT 1012
*Dr. rer. pol. Theo Beckermann,
Dipl.-Kfm. Meinolf Wulff, Rheinisch-Westfälisches Institut für Wirtschaftsforschung, Essen*
Entwicklung und Situation des Baumarktes
*1961. 119 Seiten, 5 Abb., 10 Tabellen.
Strukturtabellen 1-35. DM 34,10*

HEFT 1026
*Prof. Dr. phil. nat. habil. Hans-Ernst Schwiete und
Dipl.-Chem. Hans Georg Ritt, Institut für Gesteinshüttenkunde der Rhein.-Westf. Technischen Hochschule Aachen*
Beitrag zur Konstitution und Wirkungsweise plastifizierender und lufteinführender Betonzusatzmittel
1962. 58 Seiten, 23 Abb., 5 Tabellen. DM 19,90

HEFT 1047
*Prof. Dr.-Ing. habil. Kurt Walz und
Dr.-Ing. Gerd Wischers, Forschungsinstitut der Zementindustrie, Düsseldorf*
Beton als Strahlenschutz für Kernreaktoren
1961. 51 Seiten, 17 Abb., 6 Tabellen. DM 18,70

HEFT 1048
*Dr.-Ing. Kamillo Konopicky, Dr. Ingeborg Patzak und
Dipl.-Phys. Karl Wohlleben, Forschungsinstitut der Feuerfest-Industrie, Bonn*
Über den Glasanteil in Silikatsteinen
1961. 25 Seiten, 6 Abb., 7 Tabellen. DM 11,—

HEFT 1076
*Prof. Dr. phil. nat. habil. Hans-Ernst Schwiete,
Dr. Rainer Gauglitz, Dipl.-Ing. Christoph Ackermann, Institut für Gesteinshüttenkunde der Rhein.-Westf. Technischen Hochschule Aachen*
Der Einfluß der Art, der Korngröße und der Kationenbelegung von Montmorillonit auf sein thermochemisches Verhalten
1962. 49 Seiten, 23 Abb., 5 Tabellen. DM 21,80

HEFT 1077
*Prof. Dr. phil. nat. habil. Hans-Ernst Schwiete,
Dr. phil. Hermann Müller-Hesse und
Dipl.-Chem.-Ing. Oktay Tekin Orhun, Institut für Gesteinshüttenkunde der Rhein.-Westf. Technischen Hochschule Aachen*
Über die Stabilität der Mineralien Kyanit, Andalusit und Sillimanit
1962. 67 Seiten, 24 Abb., 10 Tabellen. DM 31,60

HEFT 1090
*Dr.-Ing. Kamillo Konopicky,
Dipl.-Chem. Emil Karl Köhler und
Dr.-Ing. Wilhelm Lohre, Forschungsinstitut der Feuerfest-Industrie, Bonn*
Aufbau und Eigenschaften des Kanalisationssteinzeugrohres
Einfluß der Rohstoffe und Herstellungsbedingungen
1962. 85 Seiten, 53 Abb., 15 Tabellen. DM 46,—

HEFT 1096
*Dr.-Ing. Kamillo Konopicky,
Dipl.-Chem. Emil Karl Köhler, Forschungsinstitut der Feuerfest-Industrie, Bonn*
Die Veränderung der keramisch-technologischen Eigenschaften und des Mineralaufbaues verschiedener Tone beim Brennen
1962. 46 Seiten, 23 Abb., 3 Tabellen. DM 27,50

HEFT 1186
*Prof. Dr. phil. nat. habil. Hans-Ernst Schwiete und
Dipl.-Ing. Friedrich-Carl Dölbor, Institut für Gesteinshüttenkunde der Rhein.-Westf. Technischen Hochschule Aachen*
Einfluß der Abkühlungsbedingungen und der chemischen Zusammensetzung auf die hydraulischen Eigenschaften von Hämatitschlacken
1963. 119 Seiten, 52 Abb., davon 1 Abb. farbig, 18 und 38 Tabellen. DM 59,60

HEFT 1241
Dr.-Ing. Kamillo Konopicky, Forschungsinstitut der Feuerfest-Industrie, Bonn
Über die Zonenbildung bei der Reaktion von Glas mit feuerfesten Steinen, vorzugsweise Schamotte-Wannensteinen
1963. 43 Seiten, 23 Abb., 1 Tabelle. DM 22,50

HEFT 1288
*Prof. Dr. phil. nat. habil. Hans-Ernst Schwiete und
Dipl.-Chem. Emil Karl Köhler, Institut für Gesteinshüttenkunde der Rhein.-Westf.Technischen Hochschule Aachen*
Über Aufbau, Eigenschaften und Prüfmethoden feuerfester Mörtel
1964. 136 Seiten, 73 Abb., 19 Tabellen. DM 67,—

HEFT 1299
Prof. Dr. phil. nat. habil. Hans-Ernst Schwiete und Dr.-Ing. Helmut Neises, Institut für Gesteinshüttenkunde der Rhein.-Westf. Technischen Hochschule Aachen
Untersuchungen über die Verschlackung von Schamotte-Pfannensteinen
1964. 125 Seiten, 52 Abb., 42 Tabellen. DM 62,50

HEFT 1321
Prof. Dr.-Ing. Wolfgang Triebel und Dipl.-Ing. Günter Meyerhoff, Institut für Bauforschung e.V., Hannover
Elemente und Maßstäbe der Produktivität
1964. 38 Seiten. DM 15,20

HEFT 1322
Prof. Dr.-Ing. Wolfgang Triebel und Dipl.-Ing. Erichbernd Brocher, Institut für Bauforschung e.V., Hannover
Wirtschaftlichkeit der Vorfertigung bestimmter Elemente im Hochbau
1964. 50 Seiten, 17 Abb., 4 Tabellen. DM 23,—

HEFT 1323
Obering. Gerhard Piltz, Institut für Ziegelforschung Essen e.V., Essen-Kray
Untersuchung der Möglichkeiten der Aufhellung der Brennfarben von Ziegelrohstoffen
1964. 44 Seiten, 9 Abb., 15 Tabellen. DM 18,80

HEFT 1336
Prof. Dr. phil. nat. habil. Hans-Ernst Schwiete und Dipl.-Ing. Claus Metzger, Institut für Gesteinshüttenkunde der Rhein.-Westf. Technischen Hochschule Aachen.
Methoden zur Untersuchung des Fließverhaltens von feuerfesten Baustoffen bei hohen Temperaturen
1964. 28 Seiten, 12 Abb. DM 15,30

HEFT 1337
Prof. Dr. phil. nat. habil. Hans-Ernst Schwiete und Karl-Heinz Karsch, Institut für Gesteinshüttenkunde der Rhein.-Westf. Technischen Hochschule Aachen
Einfluß der Vorbehandlung auf das chemische und mechanische Verhalten binärer Alkaliboratgläser
1964. 37 Seiten, 22 Abb., 3 Tabellen. DM 19,—

HEFT 1338
Dr.-Ing. Hans-Joachim Crasemann, Dr.-Ing. Manfred Meyer, Untersuchungen durchgeführt im Jahre 1960 am Institut für Werkzeugmaschinen und Umformtechnik Technische Hochschule Hannover (Leiter: Prof. Dr.-Ing. Dr.-Ing. E. h. O. Kienzle) im Auftrage der Forschungsgemeinschaft Schleifscheiben Beuel
Der Verschleiß an Preßformen bei der Herstellung von Schleifkörpern
1964. 42 Seiten, 19 Abb., 2 Tabellen. DM 24,80

HEFT 1339
Prof. Dr.-Ing. habil. Adolf Dietzel, Max-Planck-Institut für Silikatforschung Würzburg, im Auftrage der Deutschen Keramischen Gesellschaft e.V., Bad Honnef
Untersuchungen über die Spannungsverteilung im System Mörtel-Scherben-Glasur bei angelegten Wandfliesen
Teil I: Das System Mörtel-Scherben
2. Auflage 1966. 56 Seiten, 32 Abb., 9 Tabellen. DM 31,80

HEFT 1341
Prof. Dr. phil. nat. habil. Hans-Ernst Schwiete, Dr. phil. Hermann Müller-Hesse und Dipl.-Ing. Ehrhardt Wilkendorf, Institut für Gesteinshüttenkunde der Rhein.-Westf. Technischen Hochschule Aachen
Untersuchungen an $Al_2O_3 : SiO_2$-Mineralien als Rohstoffe für feuerfeste Erzeugnisse
1964, 53 Seiten, 26 Abb., 13 Tabellen. DM 28,—

HEFT 1342
Dipl.-Chem. Dr. Paul Ney, Forschungslaboratorium des Bundesverbandes der Deutschen Kalkindustrie e.V., Köln-Raderthal
Einfluß der Zusammensetzung der flüssigen Phase beim Löschvorgang auf die Plastizitätseigenschaften des Kalkes nach Emley
1964, 57 Seiten, 7 Abb., 28 Tabellen. DM 25,40

HEFT 1343
Prof. Dr.-Ing. habil. Adolf Dietzel, Direktor des Max-Planck-Instituts für Silikatforschung, Würzburg
Untersuchungen über das Schnellkühlverfahren bei Steinzeug.
Gefügeaufbau des Scherbens von Isolatorenporzellan
1964. 16 Seiten, 3 Abb. DM 8,90

HEFT 1345
Dipl.-Ing. Herbert Menkhoff, Institut für Baumaschinen und Baubetrieb der Rhein.-Westf. Technischen Hochschule Aachen
Raumgewichtsbestimmung mit radioaktiven Isotopen
1964. 96 Seiten, 62 Abb., 14 Tabellen. DM 51,50

HEFT 1346
Dr.-Ing. Armin Horn, Institut für Verkehrswasserbau, Grundbau und Bodenmechanik der Rhein.-Westf. Technischen Hochschule Aachen
Die Scherfestigkeit von Schluff
1964. 293 Seiten, 150 Abb., 1 Tabelle. DM 112,—

HEFT 1351
Obering. Gerhard Piltz, Institut für Ziegelforschung Essen e.V., Essen-Kray
Vergleich der in der Grobkeramik angewandten Untersuchungsmethoden in bezug auf ihre Aussage über technologisches Verhalten der Rohstoffe und der Eigenschaften der daraus gefertigten Erzeugnisse
1964. 64 Seiten, 15 Abb., 19 Anlagen, 7 Tabellen. DM 31,—

HEFT 1378
Rheinisch-Westfälisches Institut für Wirtschaftsforschung, Essen
Öffentliche Hand und Baumarkt — Voraussetzungen und Möglichkeiten einer Koordinierung
1964. 56 Seiten, 3 Schaubilder, 1 Tabelle. DM 19,50

HEFT 1380
Dipl.-Phys. Karl Wohlleben, Forschungsinstitut der Feuerfest-Industrie Bonn
Studien zur Anwendbarkeit der Röntgen-fluoreszenzanalyse für die quantitative Analyse Röntgenfluoreszenzanalyse von tonerdereichen Substanzen
1965. 69 Seiten, 33 Abb., 10 Tabellen. DM 38,50

HEFT 1382
Prof. Dr.-Ing. Dr. h. c. Herwart Opitz, Dozent Dr.-Ing. Janez Peklenik und Dipl.-Ing. Wilhelm Ernst, Laboratorium für Werkzeugmaschinen und Betriebslehre der Rhein.-Westf. Technischen Hochschule Aachen Im Auftrag des Vereins Deutscher Schleifmittelwerke e.V. Forschungsgemeinschaft Schleifscheiben, Beuel a. Rh.
Untersuchung der Härte von Schleifkörpern
1964. 57 Seiten, 35 Abb., 2 Tabellen. DM 29,80

HEFT 1383
Dr.-Ing. Kamillo Konopicky, Dr.-Ing. Wilhelm Lohre und Gerald Routschka, Forschungsinstitut der Feuerfest-Industrie, Bonn
Zur Frage des synthetischen Mullits
1964. 69 Seiten, 19 Abb., 16 Tabellen. DM 35,40

HEFT 1386
*Architekt Karl Richard Kräntzer unter Mitwirkung von Rolf Heitmann, Institut für Bauforschung e. V., Hannover
Leiter: Prof. Dr.- Ing. Wolfgang Triebel*
Preisindex und Baukosten im Wohnungsbau. Einflüsse auf Aufwand und Baukosten und ihre Auswirkung auf die Anwendungsmöglichkeiten der Baupreisindices für Preis- und Kostenvergleiche
1964. 84 Seiten, 6 Abb., 15 Tabellen, 7 Anlagen. DM 43,—

HEFT 1392
Prof. Dr. phil. nat. habil. Hans-Ernst Schwiete und Dipl.-Chem. Egid M. M. G. Niel, Institut für Gesteinshüttenkunde der Rhein.-Westf. Technischen Hochschule Aachen
Untersuchungen über die Reaktionen im System Klinker-Sulfat-Wasser in den ersten Minuten nach der Wasserzugabe
1964. 152 Seiten, 128 Abb., 37 Tabellen. DM 93,80

HEFT 1412
Dipl.-Chem. E. Benkel, Institut für Fußbodenforschung und -materialprüfung der Fraunhofer-Gesellschaft zur Förderung der angewandten Forschung e.V., Bonn
Einbau organischer Körper in die Oberfläche von Steinholzbelägen zur Erhöhung der Güteeigenschaften
1965. 40 Seiten, 11 Abb., 12 Tabellen. DM 19,80

HEFT 1427
Prof. Dr. phil. nat. habil. Hans-Ernst Schwiete und Dipl.-Ing. Heinz Klein, Institut für Gesteinshüttenkunde der Rhein.-Westf. Technischen Hochschule Aachen
Über Verformungsmessungen an feuerfesten Materialien unter hohen statischen, dynamischen und thermischen Beanspruchungen
1965. 118 Seiten, 98 Abb., 2 Tabellen. DM 61,80

HEFT 1441
Prof. Dr. phil. nat. habil. Hans-Ernst Schwiete Dipl.-Ing. Petrus Kastanja und Dr.-Ing. Udo Ludwig, Institut für Gesteinshüttenkunde der Rhein.-Westf. Technischen Hochschule Aachen
Das mörteltechnische und chemische Verhalten verschiedener Trasse und Gesteinsmehle in Verbindung mit Kalk in wäßrigen Lösungen
1965. 46 Seiten, 17 Abb., 15 Tabellen. DM 25,50

HEFT 1449
Frau Prof. Dr. Eleanor Consten von Erdberg, Institut für Kunstgeschichte der Rhein.-Westf. Technischen Hochschule Aachen
Grundsätze des Wohnens im westlichen und östlichen Raum; Baustil und Bautechnik in Amerika und Japan
1964. 79 Seiten, 22 Abb. DM 33,—

HEFT 1451
Prof. Dr. phil. nat. habil. Hans-Ernst Schwiete und Dipl.-Ing. Friedrich Ellies, Institut für Gesteinshüttenkunde der Rhein.-Westf. Technischen Hochschule Aachen
Untersuchungen über die Abriebfestigkeit keramisch gebundener und schmelzgegossener, feuerfester Steine bei hohen Temperaturen
1965. 111 Seiten, 87 Abb., 23 Tabellen. DM 68,—

HEFT 1453
Günter Serwatzky, Forschungsinstitut der Feuerfest-Industrie e. V., Bonn
Die Bestimmung der Korngrößenverteilung von Tonmineralien
1965. 35 Seiten, 22 Abb., DM 22,80

HEFT 1464
Prof. Dr.-Ing. Wolfgang Triebel und Rat.-Ing. Dirk Gerdes, Institut für Bauforschung e. V., Hannover
Energieersparnis durch Verbesserung des baulichen Wärmeschutzes

HEFT 1467
Prof. Dr. Georg Garbotz und Dr.-Ing. Hermann Christoffel, Institut für Baumaschinen und Baubetrieb der Rhein.-Westf. Technischen Hochschule Aachen
Das Verhalten von Schotter in Gleisbettungen
1964. 98 Seiten, 54 Abb., 10 Tabellen. DM 55,80

HEFT 1469
Dipl.-Chem. Dr. Paul Ney, Bundesverband der Deutschen Kalkindustrie e. V., Köln
Einfluß der Mörtelbestandteile und der Mörtelherstellung auf die Eigenschaften von Frischmörteln
1965. 48 Seiten, 13 Abb., 9 Tabellen. DM 24,—

HEFT 1493
Dipl.-Chem. Dr. Paul Ney, Forschungslaboratorium des Bundesverbandes der Deutschen Kalkindustrie e. V., Köln-Raderthal
Erprobung einer Bestimmungsmethode für die Verbrennungsgeschwindigkeit fester Brennstoffe zur Herstellung von Branntkalk
1965. 33 Seiten, 9 Tabellen. DM 16,50

HEFT 1494
Ing. Helmut Erich Czabon, Batelle-Institut e. V., Frankfurt. Im Auftrage der Forschungsgemeinschaft Schleifscheiben im Verband Deutscher Schleifmittelwerke e. V., Bonn
Einwirkung von Kühlflüssigkeiten auf kunstharzgebundene Schleifkörper und Maßnahmen zur Erhaltung ihrer Ursprungshärte
1965. 24 Seiten, 7 Tabellen. DM 12,50

HEFT 1515
Prof. Dr. E. de Beer, Dr.-Ing. H. Graßhoff und Dr.-Ing. M. Kany, Institut für Verkehrswasserbau, Grundbau und Bodenmechanik der Rhein.-Westf. Technischen Hochschule Aachen
Leiter: Prof. Dr.-Ing. E. Schultze
Die Berechnung elastischer Gründungsbalken auf nachgiebigem Untergrund. Vergleichende Untersuchungen über den Einfluß der Steifigkeit der Hochbaukonstruktion, der Plattensteifigkeit und einer Überkragung auf die inneren Beanspruchungen der Grundplatte

HEFT 1537
Dr. Emil Karl Köhler und Gerald Routschka, Forschungsinstitut der Feuerfest-Industrie, Bonn
Brennverhalten von Tonen in verschiedenen Atmosphären
1965. 54 Seiten, 17 Abb., 12 Tabellen. DM 33,—

HEFT 1540
Dipl.-Chem. Dr. rer. nat. Joachim Ernst Quincke, Prüf- und Forschungsinstitut des Bundesverbandes Kalksandsteinindustrie e.V., Hannover
Im Auftrage des Fachverbandes Kalksandsteinindustrie Nordrhein-Westfalen e.V., Hannover
Untersuchung über den Mischvorgang zur Senkung des Kalkbedarfs und Steigerung der Steinqualität
I. Teil: Laboratoriumsversuche
II. Teil: Betriebsversuche
1965. 88 Seiten, 20 Abb., 9 Tabellen. DM 49,50

HEFT 1541
Prof. Dr.-Ing. Kamillo Konopicky, Forschungsinstitut der Feuerfest-Industrie, Bonn
Prof. Dr.-Ing. habil. Adolf Dietzel, Prof. Dr. Horst Saalfeld und Priv.-Doz. Dr. Heribert J. Oel, Max-Planck-Institut für Silikatforschung, Würzburg
Vorgänge in der Grenzschicht zwischen feuerfestem Material und Glas bzw. Schlacke
Teil I: Eigenschaften der verwendeten feuerfesten Steine
Teil II: Vorgänge beim Angriff der Schlacken auf die Steine
1965. 55 Seiten, 24 Abb., 10 Tabellen. DM 35,80

HEFT 1549
Prof. Dr. phil. nat. habil. Hans-Ernst Schwiete und Dipl.-Ing. Tohru Iwai, Institut für Gesteinshüttenkunde der Rhein.-Westf. Technischen Hochschule Aachen
Über die ferritische Phase im Zement und ihr Verhalten bei der Hydration
1965. 78 Seiten, 48 Abb., 14 Tabellen. DM 44,—

HEFT 1550
Prof. Dr. phil. nat. habil. Hans-Ernst Schwiete, Dr.-Ing. Udo Ludwig und Dipl.-Ing. Peter Otto, Institut für Gesteinshüttenkunde der Rhein.-Westf. Technischen Hochschule Aachen
Der Einfluß der Molererde auf die technologischen Eigenschaften von klinkerarmen Hochofenzementen. Teil I
1965. 41 Seiten, 13 Abb., 12 Tabellen. DM 24,50

HEFT 1551
Prof. Dr.-Ing. Kamillo Konopicky, Dr. Ingeborg Patzak und Heinz Dohr, Forschungsinstitut der Feuerfest-Industrie, Bonn
Untersuchungen zum Zweistoffsystem Al_2O_3—SiO_2
1965. 26 Seiten, 8 Abb., 7 Tabellen. DM 15,80

HEFT 1597
Prof. Dr.-Ing. Kamillo Konopicky und Dr. rer. nat. Ingeborg Patzak, Forschungsinstitut der Feuerfest-Industrie, Bonn
Untersuchungen über den Aufbau und die Umwandlung der verschiedenen Minerale der Sillimanit-Gruppe
1966. 66 Seiten, 44 Abb., 21 Tabellen. DM 39,80

HEFT 1605
Prof. Dr. Karl Jasmund und Dr. Heinz Lange, Mineralogisch-Petrographisches Institut der Universität Köln
Adsorption und Selektivität an Na-, K- und Ca-Kaoliniten und K-, Ca-Montmorilloniten mit radioaktiv merkiertem Rubidium, Eäsium und Kobalt
1966. 53 Seiten, 19 Abb. DM 32,70

HEFT 1606
Prof. Dr.-Ing. Kamillo Konopicky, Dipl.-Phys. Karl Wohlleben und Gerd Mill, Forschungsinstitut der Feuerfest-Industrie, Bonn
Entstehung der mechanischen Festigkeit bei feuerfesten Erzeugnissen während des Trocknens
1966. 33 Seiten, 20 Abb., 5 Tabellen. DM 21,50

HEFT 1654
Prof. Dr.-Ing. Werner Leins, Aachen und Dr.-Ing. Siegfried Velske, Remscheid, Forschungsgesellschaft für das Straßenwesen e. V., Köln
Spannungen im bindemittelfreien Unterbau von Straßen unter Verkehrseinwirkung
1966. 102 Seiten, 50 Abb., 15 Tabellen, 7 Anlagen DM 59,40

HEFT 1656
Dr.-Ing. Herbert Müllejans,
Lehrstuhl für Wärmeübertragung und Klimatechnik
an der Rhein.-Westf. Technischen Hochschule Aachen
Über die Ähnlichkeit der nicht-isothermen Strömung und den Wärmeübergang in Räumen mit Strahllüftung *In Vorbereitung*

HEFT 1659
Prof. Dr.-Ing. Wilhelm Patterson und
Dr.-Ing. Dietmar Boenisch, Gießerei-Institut der Rhein.-Westf. Technischen Hochschule Aachen
Die Wasserbindung an Tonen und ihre Bedeutung für die Festigkeit des Gießereiformsandes
In Vorbereitung

HEFT 1673
Prof. Dr.-Ing. Wolfgang Triebel,
Dipl.-Ing. Lothar Schmechel,
Prof. Dr. K. H. Pfarr und Dipl.-Kfm. Bauing. H. Th. Schmidt, Institut für Bauforschung e. V., Hannover
Die wirtschaftlichen Grenzen der Geräteinvestitionen im Wohnungsbau *In Vorbereitung*

HEFT 1674
Prof. Dr. phil. nat. habil. Hans-Ernst Schwiete und Dipl.-Phys. Gerhard Rudolf Lang, Institut für Gesteinshüttenkunde der Rhein.-Westf. Technischen Hochschule Aachen
Untersuchung intensitätsbeeinflussender Parameter bei der Röntgenfluoreszenzanalyse unter Berücksichtigung der für die Zementanalyse wichtigen Wellenlängenbereiche

HEFT 1692
Obering. Gerhard Piltz, Institut für Ziegelforschung Essen e. V., Essen
Versuche zur Erhöhung der Feuerstandfestigkeit sowie zur Bestimmung der zulässigen Gewichtsbelastung der Ziegel beim Brand

HEFT 1705
Prof. Dr.-Ing. Kamillo Konopicky, Forschungsinstitut der Feuerfest-Industrie, Bonn
Untersuchungen an Kohlenstoffsteinen

HEFT 1718
Prof. Dr. phil. Dr. techn. Ludvig Žagar und Dipl.-Ing. Gerhard Krause, Institut für Gesteinshüttenkunde der Rhein.-Westf. Technischen Hochschule Aachen
Direktor: Prof. Dr. phil. nat. habil. Hans-Ernst Schwiete
Beitrag zur Bestimmung der spezifischen Oberfläche von Gaspulvern und deren Beziehung zu den aus der Korngrößenanalyse ermittelten statistischen Parametern *In Vorbereitung*

HEFT 1719
Dipl.-Chem. Dr. Paul Ney, Bundesverband der Deutschen Kalkindustrie e. V., Köln
Dr. Gerhard Schimmel, Batelle-Institut e. V., Frankfurt
Der Einfluß der Erhärtungsbedingungen auf die Kristallisationsformen des Calciumcarbonates

HEFT 1720
Prof. Dr. phil. nat. habil. Hans-Ernst Schwiete, Dr.-Ing. Udo Ludwig und Dipl.-Ing. Hans-Peter Lühr, Institut für Gesteinshüttenkunde der Rhein.-Westf. Technischen Hochschule Aachen
I. Resonanzfrequenzmessungen an in Wasser und aggressiven Lösungen gelagerten Mörtelprismen
II. Der Einfluß der Porosität auf die Aggressivbeständigkeit von Zementmörtelprismen
In Vorbereitung

HEFT 1721
Prof. Dr. phil. nat. habil. Hans-Ernst Schwiete und Dipl.-Ing. Wolfram Babinecz, Institut für Gesteinshüttenkunde der Rhein.-Westf. Technischen Hochschule Aachen
Über die Anwendung der Röntgenfluoreszenzanalyse in der Gesteinshüttenkunde unter Berücksichtigung der Nebenbestandteile und Spuren
In Vorbereitung

HEFT 1733
Prof. Dr. phil. Dr. techn. Ludvik Žagar und Dipl.-Ing. Winfrid Bernhardt, Institut für Gesteinshüttenkunde der Rhein.-Westf. Technischen Hochschule Aachen
Beitrag zur Frage der Bindfähigkeit verschiedener Metalle mit Nichtmetallen als Grundbedingung bei der Herstellung von Cermets
In Vorbereitung

HEFT 1758
Prof. Dr.-Ing. Kamillo Konopicky, Heinz Dohr, Gudrun Krüger und Gerald Routschka, Forschungsinstitut der Feuerfestindustrie, Bonn
Studium der Inhomogenität und des Verschlackungsvorganges in feuerfesten Erzeugnissen
In Vorbereitung

HEFT 1759
Dr.-Ing. Walter Ohnemüller, Bundesverband der Deutschen Kalkindustrie e. V., Köln
Reaktionen zwischen Steinoberfläche und Mörtel
In Vorbereitung

Verzeichnisse der Forschungsberichte aus folgenden Gebieten können beim Verlag angefordert werden:
Acetylen/Schweißtechnik - Arbeitswissenschaft - Bau/Steine/Erden - Bergbau - Biologie - Chemie - Druck/
Farbe/Papier/Photographie - Eisenverarbeitende Industrie - Elektrotechnik/Optik - **Energiewirtschaft** - Fahrzeugbau/Gasmotoren - Fertigung - Funktechnik/Astronomie - Gaswirtschaft - Holzbearbeitung - Hüttenwesen/Werkstoffkunde - Kunststoffe - Luftfahrt/Flugwissenschaften - Luftreinhaltung - Maschinenbau - Mathematik - Medizin/Pharmakologie - NE-Metalle - Physik - Rationalisierung - Schall/Ultraschall - Schiffahrt - Textilforschung - Turbinen - Verkehr - Wirtschaftswissenschaften.

 Springer Fachmedien Wiesbaden GmbH

MIX
Papier aus verantwortungsvollen Quellen
Paper from responsible sources
FSC® C105338

If you have any concerns about our products,
you can contact us on
ProductSafety@springernature.com

In case Publisher is established outside the EU,
the EU authorized representative is:
**Springer Nature Customer Service Center GmbH
Europaplatz 3, 69115 Heidelberg, Germany**

Printed by Libri Plureos GmbH
in Hamburg, Germany